基于排序集抽样方法的
可靠性估计

董晓芳　张良勇　著

科学出版社

北　京

内 容 简 介

本书采用排序集抽样方法, 研究产品可靠性中常用指标的估计问题, 其主要内容来自作者近十年来的研究成果以及相关的最新进展. 全书共 9 章, 包括排序集抽样方法和可靠性理论, 标准排序集抽样下指数分布的参数估计和产品可靠度估计, L 排序集抽样下指数分布的系统可靠度估计, 非均等排序集抽样下中位寿命的非参数估计, 广义排序集抽样下可靠寿命的非参数估计, 标准排序集抽样下截尾数据的可靠度函数估计、概率密度函数估计和平均寿命估计.

本书可作为深入学习研究抽样技术和可靠性统计的大学本科生、研究生以及科研人员的参考资料.

图书在版编目(CIP)数据

基于排序集抽样方法的可靠性估计/董晓芳, 张良勇著. —北京: 科学出版社, 2021.1

　　ISBN 978-7-03-066661-1

　　Ⅰ. ①基… Ⅱ. ①董… ②张… Ⅲ. ①序贯抽样–可靠性估计 Ⅳ. ①O212.2

中国版本图书馆 CIP 数据核字（2020）第 215183 号

责任编辑: 王胡权 李 萍 / 责任校对: 杨 然
责任印制: 张 伟 / 封面设计: 陈 敬

科学出版社 出版

北京东黄城根北街 16 号
邮政编码: 100717
http://www.sciencep.com

天津市新科印刷有限公司 印刷

科学出版社发行　各地新华书店经销

*

2021 年 1 月第 一 版　开本: 720 × 1000　B5
2022 年 7 月第三次印刷　印张: 10 1/2
字数: 212 000

定价: 69.00 元
(如有印装质量问题, 我社负责调换)

前　言

排序集抽样方法适合样本易于直观排序但不易于实际测量的场合. 由于排序集样本不仅包含了样本信息, 还包含了次序信息, 因此与简单随机样本相比, 在同等样本量下排序集样本所含的信息更加丰富, 样本更具有代表性. 近四十年来, 排序集抽样方法被广泛应用到农林业、可靠性工程、临床医学和生态环境等领域. 可靠性统计分析利用统计方法和手段, 评估和估计产品的性能、寿命等可靠性指标, 为可靠性工程实践创造了一定的价值. 可靠性统计通常采用简单随机抽样方法获得所需的寿命数据, 然而受到寿命试验规模和费用的限制, 对大量随机样本的实际测量可能比较困难. 因此基于排序集抽样方法的可靠性统计分析具有重要的理论意义和实际价值.

为了保证抽测的寿命数据有一定的代表性, 同时降低抽样测量费用, 本书研究排序集抽样下可靠性指标的估计问题. 根据可靠性寿命试验中数据的类型, 本书的研究内容主要分为三大部分: 第一部分 (第 2~4 章) 是关于指数寿命数据的估计研究, 包括标准排序集抽样下参数的极大似然估计和最优线性无偏估计、标准排序集抽样下产品可靠度的极大似然估计、L 排序集抽样下系统可靠度的极大似然估计; 第二部分 (第 5,6 章) 是关于完全寿命数据的非参数估计研究, 包括非均等排序集抽样下中位寿命的非参数估计、广义排序集抽样下可靠寿命的非参数估计; 第三部分 (第 7~9 章) 是关于随机截尾寿命数据的非参数估计研究, 包括标准排序集抽样下可靠度函数、概率密度函数和平均寿命的非参数估计. 上述每一个估计的研究内容均包括估计量的构建、统计性质的分析以及估计效率的计算.

本书是根据作者近十年对该领域的研究成果及所积累的资料撰写而成的, 其中相当一部分内容是最新成果, 反映了该领域的现代面貌. 本书的研究内容是排序集抽样下可靠性统计的基础性内容, 也是主要内容. 研究结果为排序集抽样下其他统计问题 (如假设检验、回归分析、Cox 比例风险模型等) 提供了基础和思路. 另外, 本书的研究结果在可靠性工程、临床医学、生态环境等领域都有着广泛的应用前景.

本书的写作得到了国家自然科学基金青年科学基金项目 (项目编号: 11801134) 和全国统计科学研究项目 (项目编号: 2016LZ17) 的资助, 作者借此机会表示诚挚的谢意!

由于作者水平有限, 书中难免有不足及疏漏之处, 恳请读者批评指正! 来函请发至 dxfys81@126.com.

作　者

2020 年 2 月

目　　录

第 1 章　排序集抽样方法及可靠性理论

本章首先介绍排序集抽样方法的相关知识, 包括抽样方法的提出、应用领域及其研究进展, 然后简要介绍可靠性中常用的指标和寿命分布. 本章为后续章节的研究工作提供了必要的基础和方法.

1.1　排序集抽样方法

1.1.1　方法的提出

统计学的基本问题是利用样本的观测值来推断总体的一些性质, 通常我们采用简单随机抽样 (simple random sampling, SRS) 方法获得所需的样本. 然而, 获得牢靠的样本数据不是一件容易的事, 一方面, 由于受到实验规模和试验费用的限制, 我们不可能对大量的随机样本进行实际测量; 另一方面, 对样本的实际测量可能比较困难或者具有破坏性. 为保证抽样样品的质量指标有一定的代表性, 同时尽可能减少抽样检查费用, 我们需要寻找简便有效的抽样方法.

在 20 世纪 50 年代早期, 澳大利亚农业学家 McIntyre[1] 在估计农场上牧草产量时提出了排序集抽样 (ranked set sampling, RSS) 方法. 测量草地的产草量, 需要把草割下来, 晒干再去称量干草的重量, 非常消耗时间和体力, 但是有经验的眼睛可以对一组数目较少的几块草地进行相当精确的排序, 而不需要进行准确的测量. 为了估计农场的牧草产量, McIntyre 采取了如下的抽样机制:

第一步, 从农场中随机抽取第一组含有 m 块草地的样本, 通过肉眼对这 m 块草地的产草量进行由小到大的排序, 次序最小的草地被抽出, 只对这块草地进行割草和称重, 其他草地不进行割草称重.

第二步, 从农场中随机抽取第二组含有 m 块草地的样本, 通过肉眼对它们的产草量进行由小到大的排序, 只对产草量排在第二位的草地进行割草和称重.

依此类推, 直至在含有 m 块草地的第 m 组样本中, 只对产草量最大的草地进行割草和称重.

以上整个过程称为一次循环, 虽然从农场中一共抽取了 m^2 块草地, 但是只对 m 块草地的产草量进行实际测量. 为了增大样本量, 这一循环重复 k 次, 这样就得到样本量为 $n = mk$ 的排序集样本.

McIntyre[1] 提出 RSS 方法之后在很长的时间里并没有受到关注. 直到 1966

年, Halls 和 Dell[2] 设计了一个实验, 通过 RSS 方法对美国东得克萨斯州一片松阔叶林的产量进行了实际测量, 并证实了 RSS 方法的高效率性. 从这之后, RSS 方法逐渐被人们重视.

1.1.2　应用领域

排序集样本不仅包含了样本信息, 还包含了次序信息. 在实际中, 只要感兴趣的变量不易测量, 但较容易用主观经验判断或其他不需要具体测量的方法对样本进行排序时, RSS 方法的抽样效率就会高于 SRS 方法. 近几十年来, 排序集抽样方法已被应用到许多领域.

在农林业方面, RSS 方法一直有着广泛的应用. Martin 等[3] 采用 RSS 方法对阿巴拉契亚山脉橡树林的产量进行了实际测量. Husby 等[4] 使用 RSS 方法估计农业生产物的均值和中位数, 研究结果表明了 RSS 方法可使估计的精度有实质性的提高. Bocci 等[5] 通过对意大利第五次农业调查的实例分析, 验证了 RSS 方法在估计总体均值上的高效率性.

在生态环境方面, 研究危险废弃物场所的污染程度时, 需要测量有毒化学品的污染指标, 通常费用会非常昂贵. 通过目视观察落叶或土壤的变色, 给出变量的排序, 再从排序的变量中有选择性地抽取一部分样本进行测量, 这样可减少抽样次数. Yu 和 Tam[6] 验证了当估计美国内华达测试基地相邻地区表层土壤中钚的含量时, RSS 方法的抽样效率明显高于 SRS 方法. 另外, Stokes[7] 采用 RSS 方法测量了某海域受原油污染的程度, 通过观察海域周边海岸上的柏油堆积量, 对几块海域的受污染程度进行了从低到高的排序.

在临床医学方面, 人类的许多定量特性, 如高血压和肥胖等, 遗传度相当高, 但遗传机制尚不清楚. 这就需要对配对亲属的等位基因测验, 并进行遗传相关性分析, 通常需要花费大量的金钱和时间来进行实验室检测. 然而, 医生可以使用 RSS 技术对病人进行合理的选择, 比如依据诸如年龄、体重、身高、血压和健康史等信息对病人进行选择, 这一过程的花费是可以忽略的. Risch 和 Zhang[8] 在 *Science* 上论证了对配对亲属进行极值 RSS, 遗传相关性试验的效率能得到显著的提高. 再如, 用双能 X 线吸收法测量人体骨密度水平是花费较高的, 但有经验的医生可以不需要做实际测量, 只需凭主观经验就能对几个被检查的人骨密度水平排序. Wolfe[9] 在美国俄亥俄州立大学骨密度研究中心采用了 RSS 方法, 使得能以较 SRS 方法少的测量个体, 做出了对人群的骨密度水平的合理估计. 另外, Chen[10] 和 Bouza[11] 分别验证了 RSS 方法对肺癌和艾滋病临床研究上的高效性.

在可靠性工程和质量控制方面, El-Neweihi 和 Sinha[12] 首次指出了排序集样本单元可看作可靠性工程中表决系统的寿命时间, 并利用此关系解决了 RSS 下指数产品可靠度函数的估计问题. Muttlak 和 Al-Sabah[13] 采用 RSS 方法从位于沙特阿拉伯的百事可乐生产公司收集了一组真实的数据, 并利用 RSS 方法绘制出产品质量的控制图. 另外文献 [14,15] 将 RSS 方法应用到半导体制造业、联合循环发电厂等质量控制图方面, 并证实了 RSS 方法的抽样效率明显高于 SRS 方法.

排序集抽样方法不仅能应用于农林业、生态环境、临床医学、可靠性工程和质量控制, 而且在经济学、专家系统、教育统计、大数据分析等领域都有着广泛的应用, 具体的应用实例可见文献 [16~20].

1.1.3 标准排序集抽样方法的研究进展

近几十年来, 随着 RSS 方法的广泛应用, 基于 RSS 方法的统计推断成为国内外学者研究的热点问题之一, 并获得了许多重要成果. 为了和后来提出的非标准抽样方法便于区分, McIntyre[1] 提出的 RSS 方法又被称为标准排序集抽样 (standard ranked set sampling, SRSS) 方法.

早期阶段, 基于 SRSS 方法的研究文献主要集中在总体均值的非参数估计问题上. Takahasi 和 Wakimoto[21] 首次提出利用标准排序集样本均值估计总体均值, 证明了估计量的无偏性, 并且其方差小于相同样本大小下简单随机样本均值的方差. Dell 和 Clutter[22] 证明了即使在直观排序存在误差的情形下, 标准排序集样本均值的估计效率仍然高于简单随机样本均值.

20 世纪 80 年代中期是 SRSS 理论迅猛发展的转折点. 从那以后, 基于 SRSS 方法的各种参数和非参数统计分析被研究, 许多有关 SRSS 的新定义和新定理被提出和证明. 由于篇幅所限, 我们以下只列举 SRSS 下非参数估计和参数估计的代表性研究成果.

SRSS 下非参数估计的研究文献主要围绕未知总体的分布函数、概率密度函数、均值、方差和分位数等主要指标. Stokes 和 Sager[23] 利用排序集样本经验分布函数来估计总体分布函数, 证明了此估计量具有无偏性和适应任意分布性. Huang[24] 考虑了分布函数的 SRSS 非参数极大似然估计及其 EM 算法. Amiri 等[25] 利用指数型倾斜经验似然方法, 研究了分布函数的 SRSS 非参数估计. Gulati[26] 提出了 SRSS 下分布函数的光滑非参数核估计. Chen[27] 建立了 SRSS 下核密度估计量, 证明了此估计量的均值等于 SRS 下核密度估计量的均值. Zhao 和 Chen[28] 提出 SRSS 下对称分布族均值的 M-估计. 李涛和吴边[29] 研究了无重叠 k-序对 SRSS 下总体均值的估计问题. MacEachern 等[30] 给出了总体方差的 SRSS 最小方差非负无偏估计. Balci 等[31] 分别给出了总体均值和方差的修正极大似然估计. Chen[32] 和 Ozturk[33] 证明了在估计总体分位数时, SRSS 样本分位数具有无偏性和适应任意分布性. 另外, 张正家[34] 和李乃医[35] 利用经验似然方法给出了总体均值、分位数、分布函数等的非参数区间估计.

SRSS 下参数估计的研究文献主要围绕常用分布的参数估计问题. Stokes[36] 研

究了 SRSS 下位置参数和刻度参数的极大似然估计, 并证明了标准排序集样本的 Fisher 信息比简单随机样本含有更多的 Fisher 信息. Zheng 和 Al-Saleh[37] 给出了基于 SRSS 方法的刻度参数的最大似然估计, 证明出 SRSS 方法的抽样效率至少与 SRS 方法一样. Abu-Dayyeh 等[38] 研究了 SRSS 下 Logistic 分布中参数估计问题. Chacko 和 Thomas[39] 考虑了 SRSS 下两变量指数分布的参数估计问题. Shadid 等[40] 给出了 SRSS 下正态分布、Weibull 分布和 Gamma 分布的位置参数的最优线性无偏估计的修正方案. Chacko[41] 研究了 SRSS 下 Morgenstern 型二维指数分布参数的贝叶斯估计. 赵媛媛[42] 研究了 SRSS 下信号模型的参数估计问题. 吴茗[43] 采用 SRSS 方法对二元指数分布的参数进行了估计.

文献 [23~43] 均通过 SRSS 下估计与 SRS 下相应估计的效率比较, 证明了 SRSS 方法的高效率性. 但是, 这些文献研究的 SRSS 下样本测量值都是完全数据. 我们知道在许多寿命试验中, 由于种种条件的限制只能得到截尾数据. 例如, 医学药物试验中某些受试者中途失去观察 (如迁往他地而失访) 或在研究周期结束后仍然活着; 可靠性寿命试验中受时间、费用等的限制未能做到所有元件都失效. 在诸如此类的情况下我们只能得到一组截尾数据, 有关截尾数据的更多实例可见文献 [44, 45]. Yu 和 Tam[6] 首次考虑了 SRSS 下截尾数据的统计分析, 给出了对数正态分布参数的极大似然估计和生存函数的乘积限估计, 模拟结果表明 SRSS 方法的抽样效率高于 SRS 方法, 但文献 [6] 只是对定时截尾数据进行了分析. 定时截尾是指实验在一定的时间范围内进行, 样本的寿命只有小于或等于事先给定的值才能被观测到. 然而, 在实际中截尾数据常常是随机的. 例如在大多数临床研究中, 研究期间是固定的, 病人在此期间的不同时间进入研究, 有些人在研究期间死亡, 有些人在研究结束之前就退出研究而不被跟踪观测, 还有些人在研究结束时仍然活着, 此时获得的数据则被称为随机截尾. 定时截尾可以看成随机截尾数据的一种特殊情形. 应当指出这里所介绍的随机截尾只是随机右截尾, 右截尾的情形在寿命观测中最为常见.

随机截尾数据的统计分析在医药卫生、可靠性工程、环境科学、市场学、人口统计学等领域都有广泛的应用[44]. 因此, 研究 SRSS 下随机截尾数据的统计分析就变得非常重要. 第 7~9 章都是利用 SRSS 下随机截尾数据, 研究可靠性指标的非参数估计问题.

1.1.4 非标准排序集抽样方法的研究进展

随着 SRSS 方法的深入研究和广泛应用, 人们发现对于某些统计问题, 并不是所有次序统计量的信息都有用. 这样, 每小组随机样本经过主观排序后, 我们只需测量那些含有有用信息的次序值, 即非标准 RSS 方法. 进入 21 世纪, 针对不同的统计问题, 许多非标准 RSS 方法被提出, 并得到了一些重要的理论结果和实际应用效果.

2000 年, Ozturk 和 Wolfe[46] 推荐了比 SRSS 方法的抽样过程更简便的中位数 RSS 方法, 此抽样方法是每一个经过直观排序的小组都抽取中位数并进行实际测量. 当对总体中位数进行符号检验时, Ozturk 和 Wolfe[46] 证明了中位数 RSS 方法的抽样效率高于 SRSS 方法. 随后, Muttlak[47] 验证了当估计对称分布的总体均值时, 中位数排序集样本均值是总体均值的无偏估计, 并且其方差小于标准排序集样本均值的方差. 董晓芳和张良勇[48] 利用中位数 RSS 方法构建了总体中位数的非参数估计量, 并证明了其估计效率高于 SRS 下和 SRSS 下的相应估计量.

2001 年, Ozturk 和 Wolfe[49] 提出了挑选 RSS 方法, 此抽样方法包括 SRSS 方法和中位数 RSS 方法. 假设排序集小组数为 m, 经过挑选排序集抽样后能得到许多不同的样本. 针对未知总体中位数的符号秩检验问题, Ozturk 和 Wolfe[49] 证明了中位数 RSS 方法是挑选 RSS 中效率最高的抽样方法. 后来, Zhang 和 Dong[50] 采用挑选 RSS 方法, 研究了总体分位数的符号检验问题, 根据挑选 RSS 下符号检验与 SRSS 下符号检验的 Pitman 渐近相对效率, 具体给出不同分位数的最优挑选设计, 并且证明了最优挑选设计不依赖于总体分布.

2002 年, Shaibu 和 Muttlak[51] 提出了百分比 RSS 方法, 若排序小组数为奇数, 经过此抽样过程后得到的样本则含有小组中位数和两个对称次序统计量的信息; 若排序小组数为偶数, 抽样后得到两个对称次序统计量的信息. 通过比较几种抽样方法下参数极大似然估计的相对功效, 文献 [51] 得到结论: 当估计正态分布的均值时, 百分比 RSS 方法的抽样效率高于 SRSS 方法, 但低于中位数 RSS 方法; 当估计正态分布的方差时, 百分比 RSS 方法的抽样效率高于 SRSS 方法和中位数 RSS 方法; 当估计指数分布和 Gamma 分布的刻度参数时, 百分比 RSS 方法的抽样效率低于中位数 RSS 方法, 与 SRSS 方法不相上下. 随后, Muttlak 和 Abu-Dayyeh[52] 在百分比 RSS 方法的基础上又提出一种改良抽样方法, 在此抽样下可构造出总体均值的无偏估计.

2003 年, Al-Saleh 和 Al-Hadrami[53] 提出了极端 RSS 方法, 若排序集小组数为奇数, 经过此抽样过程后得到的样本含有小组中位数和两个极端次序统计量的信息; 若小组数为偶数, 抽样后得到两个极端次序统计量的信息, 并证明了对于指数分布位置参数的极大似然估计问题, 极端 RSS 方法的抽样效率高于 SRSS 方法. 同年, Al-Saleh 和 Al-Hadrami[54] 又把极端 RSS 方法应用到估计正态分布的均值, 并通过对针叶树的实例分析验证了极端 RSS 方法的高效率. 随后, Al-Saleh 和 Al-Ananbeh[55] 利用极端 RSS 方法估计二元正态分布的均值, 证明了极端 RSS 方法的抽样效率高于 SRS 方法和 SRSS 方法.

2006 年, Modarres 等[56] 提出了二重 RSS 方法, 即把得到的排序集样本再进行一次排序集抽样, 研究了二重 RSS 下对称分布参数的两类线性估计问题, 并对标准指数分布和标准对数正态分布进行了效率比较, 结果表明二重 RSS 下估计量的估计效率高于 SRSS. 随后, Ghosh 和 Tiwari[57] 又进一步提出 k 重 RSS 方法, 证明了重排序的次数 k 越大, 估计对称分布函数的精度越高.

2012 年, Dong 等[58] 提出了分位数 RSS 方法, 采用经验函数方法, 构造了产品可靠寿命的非参数估计量, 证明了其具有强相合性和渐近正态性, 估计效率的比较结果表明: 分位数 RSS 方法的抽样效率高于 SRSS 方法. 后来, 董晓芳等[59] 构建了分位数 RSS 下总体分位数的非参数估计量, 证明了其估计效率不仅高于 SRSS 下相应估计量, 也高于中位数 RSS 下和极端 RSS 下相应估计量.

除了上面介绍的几种非标准 RSS 方法, L-RSS 方法、非均等 RSS 方法和广义 RSS 方法也是被广泛应用的非标准 RSS 方法, 我们将在第 4~6 章分别介绍这三种方法的抽样过程, 并进行不同估计问题的统计研究. 到目前为止, 广义 RSS 方法的抽样方案最复杂, 它包含了上面提到的所有 RSS 方法. 广义 RSS 方法更具有一般性, 得到了国内外统计专家和学者的认可. 同时, 基于广义 RSS 方法的统计推断也是一个难点问题, 如何从广义 RSS 方法的所有抽样方案中找到最优抽样方案一直是国内外学者研究的重难点.

1.2　可靠性相关理论

可靠性发展很快, 经历了 20 世纪 50 年代的起步阶段, 70 年代的成熟阶段, 到 90 年代进入了向智能化、自动化、综合化的发展阶段, 使可靠性成为一门综合性的可靠性工程科技学科[44]. 随着科学技术的不断进步, 可靠性越来越被人们重视, 因为许多产品的使用价值是与其寿命长短紧密相连的. 例如, 通信设备、电子产品等要求能长时间工作, 若它们老出故障, 那就失去了使用价值. 本节介绍常用的可靠性指标和寿命分布.

1.2.1　常用的可靠性指标

可靠度函数、概率密度函数、平均寿命、可靠寿命和风险率函数都是常用的可靠性指标, 下面逐个介绍.

1. 可靠度函数

定义 1.1[60]　产品在规定时间 t 内和规定的条件下, 完成规定功能的概率称为产品的可靠度函数, 简称为可靠度, 记为 $R(t)$.

我们通常用一个非负随机变量 T 来表示产品在规定条件下的寿命, 则 "产品在规定时间 t 内完成规定功能" 等价于 "产品寿命 T 长于 t". 令 $F(t)$ 表示 T 的分布函数, 则

$$F(t) = P(T \leqslant t), \quad t \geqslant 0.$$

有了寿命分布 $F(t)$, 我们就知道了产品在时刻 t 以前都正常 (不失效) 的概率, 即产品在时刻 t 的可靠度函数

$$R(t) = P(T > t) = 1 - F(t).$$

可靠度函数是产品可靠性的基本指标, 其具有以下性质: 第一, 产品的可靠度函数 $R(t)$ 是时刻 t 的非增函数; 第二, 产品在零时刻总能正常工作, 即 $R(0) = 1$; 第三, 产品最终总是要失效的, 即 $\lim\limits_{t \to \infty} R(t) = 0$.

2. 概率密度函数

在实际中产品寿命 T 大多是连续的非负随机变量. 若令 $F(t)$ 和 $f(t)$ 分别表示 T 的分布函数和概率密度函数, 则

$$f(t) = \frac{\mathrm{d}F(t)}{\mathrm{d}t}, \quad t \geqslant 0.$$

令 $R(t)$ 表示 T 的可靠度函数, $f(t)$ 也可表示为

$$f(t) = -\frac{\mathrm{d}R(t)}{\mathrm{d}t}, \quad t \geqslant 0.$$

概率密度函数 $f(t)$ 的估计无论是在应用统计还是在理论统计中都有着非常重要的作用, 特别是估计概率密度的非参数方法在决定一个总体的统计特征时是很有用的, 此外它们还可以应用到很多其他统计推断问题.

3. 平均寿命

设非负随机变量 T 表示产品的寿命, $f(t)$ 表示 T 的概率密度函数. 若 μ 表示 T 的平均寿命, 则

$$\mu = E(T) = \int_0^\infty t f(t) \mathrm{d}t.$$

若 T 的可靠度函数为 $R(t)$, 则平均寿命 μ 可以进一步写成

$$\mu = \int_0^\infty R(t) \mathrm{d}t.$$

产品的平均寿命 μ 是常用的产品可靠性指标之一, 它在寿命数据中的地位相当于完全观测下的总体均值, 由于它直观易懂, 常为大家采用.

4. 可靠寿命

若产品寿命 T 的可靠度函数为 $f(t)$ 和 $R(t)$, 则

$$\xi_p = \sup\{t : R(t) > p\},$$

称为 T 的 p 可靠寿命, 其中 p 称为可靠水平. 可靠水平为 0.5 的可靠寿命 $\xi_{0.5}$ 称为中位寿命, 可靠水平的 $p = \mathrm{e}^{-1} = 0.368$ 的可靠寿命 $\xi_{0.368}$ 称为特征寿命.

从分布的角度看, 可靠寿命 ξ_p 满足

$$R(\xi_p) = p \quad \text{或} \quad P(T > \xi_p) = p.$$

可见可靠寿命 ξ_p 就是 T 的上侧 p 分位数. 产品可靠寿命是描述产品可靠性的重要度量指标, 在实际中经常应用到对可靠度有一定要求的产品上, 譬如飞机的操纵杆要求可靠度达到 99.9%, 若其可靠寿命 $\xi_{0.999} = 100$ h, 则其飞行 100 h 后, 无论失效与否均应替换.

5. 风险率函数

风险率函数是刻画产品寿命 T 的重要特征之一. 设 $\lambda(t)$ 表示 T 的风险率函数, 则其定义可用下面的公式表示:

$$\lambda(t) = \lim_{\Delta t \to 0^+} \frac{1}{\Delta t} P(T \leqslant t + \Delta t \,|\, T > t).$$

显然, $\lambda(t)$ 是在时刻 t 正常工作的产品, 在接下来的单位时间区间 $(t, \, t + \Delta t]$ 内失效的概率. 当产品寿命 T 为非负连续型随机变量时, 令 $R(t)$ 和 $f(t)$ 分别表示 T 的可靠度函数和概率密度函数, $\lambda(t)$ 又可通过下面的公式表示:

$$\lambda(t) = \frac{\mathrm{d}}{\mathrm{d}t} [-\ln R(t)] = \frac{f(t)}{R(t)}.$$

风险率函数在可靠性统计中又称为失效率函数, 而在生存分析及医学研究中也叫危险率函数、瞬间死亡率、死亡强度、年龄死亡率及条件死亡率等. 在可靠性工程中, 风险率函数给出了产品工作到某一时刻, 单位时间内发生失效的比例. 在生存分析中, 风险率函数给出了年龄增长过程中单位时间内的死亡风险.

1.2.2 常用的寿命分布

指数分布、Weibull 分布、对数正态分布和 Gamma 分布都是在可靠性中经常遇到的连续型寿命分布, 下面逐个介绍.

1. 指数分布

指数分布在可靠性研究方面是最简单又最重要的寿命分布. 指数分布可以很好地用来描写电子系统的寿命模型. 另外, Davis[61] 给出了许多例子, 包括银行结单和总账误差、工资支票误差、自动计算机失效以及雷达接收机组成部分的失效, 在这些方面的失效数据可用指数分布充分地描写.

人们常常把指数分布作为纯粹随机失效模型来处理. 指数分布作为唯一的 "无记忆性的分布" 而著名, 即若一个产品的寿命服从指数分布, 当它使用了时间 t 以后如果仍正常, 则它在 t 以后的剩余寿命与新的寿命一样服从指数分布. 虽然许多寿命数据不能完全用指数分布描述, 但是对指数分布的理解可以推进对更一般情形的处理.

当产品寿命 T 服从参数为 θ 的指数分布 $\mathrm{Exp}(\theta)$ 时, T 的概率密度函数是

$$f(t) = \frac{1}{\theta}\mathrm{e}^{-\frac{t}{\theta}}, \quad \theta > 0, \quad t \geqslant 0.$$

显然, T 的可靠度函数是

$$R(t) = \mathrm{e}^{-\frac{t}{\theta}}, \quad \theta > 0, \quad t \geqslant 0.$$

T 的风险率函数为

$$\lambda(t) = \frac{f(t)}{R(t)} = \frac{1}{\theta}.$$

T 的平均寿命为

$$\mu = E(T) = \int_0^\infty \frac{t}{\theta}\mathrm{e}^{-\frac{t}{\theta}}\mathrm{d}t = \theta.$$

T 的方差为

$$\mathrm{Var}(T) = \theta^2.$$

T 的中位寿命为

$$\xi_{0.5} = \theta\ln 2.$$

显然, 指数分布 $\mathrm{Exp}(\theta)$ 的风险率函数为常数 $1/\theta$, 且平均寿命和风险率互为倒数.

2. Weibull 分布

Weibull 分布是指数分布的推广. 然而, 与指数分布不同, 它不呈常数危险率, 从而有较广阔的应用. Weibull 分布是可靠性中广泛使用的连续型分布, 它可以用来描述疲劳失效、真空管失效和轴承失效等寿命分布. 大量的实践说明, 凡是因某一局部失效而导致全局停止运行的器件、设备等的寿命都可看作或近似看作服从 Weibull 分布. 另外, Weibull 分布在临床医学领域也有着广泛的应用, 比如 Williams[62] 将 Weibull 分布用于分析致癌物的实验, Scott 和 Hahn[63] 将 Weibull 分布用于刻画早期放射反应概率的特性.

参数为 $\alpha(\alpha > 0)$ 和 $\theta(\theta > 0)$ 的 Weibull 分布, 记为 Weibull(α, θ), α 的值决定分布曲线的形状而 θ 的值决定它的刻度, 因而分别称 α 和 θ 为形状参数和刻度参数. 当 $\alpha = 1$ 时, Weibull$(1, \theta)$ 就是参数为 θ 的指数分布.

当产品寿命 T 服从 Weibull(α, θ) 时, T 的概率密度函数和可靠度函数分别是

$$f(t) = \frac{\alpha}{\theta} \left(\frac{t}{\theta}\right)^{\alpha-1} \mathrm{e}^{-\left(\frac{t}{\theta}\right)^{\alpha}}, \quad t \geqslant 0$$

和

$$R(t) = \mathrm{e}^{-\left(\frac{t}{\theta}\right)^{\alpha}}, \quad t \geqslant 0.$$

这样, T 的风险率函数为

$$\lambda(t) = \frac{f(t)}{R(t)} = \frac{\alpha}{\theta} \left(\frac{t}{\theta}\right)^{\alpha-1}, \quad t \geqslant 0.$$

T 的平均寿命和方差分别为

$$\mu = E(T) = \theta\, \Gamma\left(1 + \frac{1}{\alpha}\right)$$

和

$$\mathrm{Var}(T) = \theta^2 \left[\Gamma\left(1 + \frac{2}{\alpha}\right) - \Gamma^2\left(1 + \frac{1}{\alpha}\right)\right],$$

其中 $\Gamma(\cdot)$ 是著名的 Gamma 函数, 其定义为

$$\Gamma(\alpha) = \int_0^{\infty} x^{\alpha-1} \mathrm{e}^{-x} \mathrm{d}x.$$

3. 对数正态分布

对数正态分布是可靠性寿命试验中常用分布之一, 有关此分布的历史、特性以及应用, Aitchison 和 Brown[64] 已作了详细的描述. 另外, Horner[65] 指出在 Alzheimer 氏病 (一种早老性精神病, 迅速成为痴呆) 发作时期的寿命分布也遵从对数正态分布.

参数为 $\mu(\mu \in R)$ 和 $\sigma^2(\sigma > 0)$ 的对数正态分布, 记为 LN(μ, σ^2). 若随机变量 X 服从正态分布 $N(\mu, \sigma^2)$, 则 $T = \mathrm{e}^X$ 服从对数正态分布 LN(μ, σ^2). 易算出 T 的概率密度函数和可靠度函数分别是

$$f(t) = \frac{1}{\sqrt{2\pi}\sigma t} \mathrm{e}^{-\frac{1}{2\sigma^2}(\ln t - \mu)^2}, \quad t > 0$$

和

$$R(t) = \frac{1}{\sqrt{2\pi}} \int_{\frac{\ln t - \mu}{\sigma}}^{\infty} \mathrm{e}^{-\frac{1}{2}x^2} \mathrm{d}x, \quad t > 0,$$

这样, T 的风险率函数为

$$\lambda(t) = \frac{f(t)}{R(t)} = \frac{\mathrm{e}^{-\frac{1}{2}\left(\frac{\ln t - \mu}{\sigma}\right)^2}}{\sigma t \displaystyle\int_{\frac{\ln t - \mu}{\sigma}}^{\infty} \mathrm{e}^{-\frac{1}{2}x^2} \mathrm{d}x}, \quad t > 0.$$

由曹晋华和程侃[66] 知, 存在 $t_0 \in (0, \infty)$, 对数正态分布的风险率函数 $\lambda(t)$ 在 $(0, t_0)$ 内单调递增, 在 (t_0, ∞) 内单调递减.

T 的平均寿命为

$$\mu = \mathrm{e}^{\mu + 0.5\sigma^2},$$

T 的方差为

$$\sigma^2 = \mathrm{e}^{2\mu + \sigma^2}(\mathrm{e}^{\sigma^2} - 1),$$

T 的中位寿命为

$$\xi_{0.5} = \mathrm{e}^{\mu}.$$

4. Gamma 分布

Gamma 分布是可靠性中常用寿命分布之一, 被作为许多工业可靠性问题的分布模型, 比如顾客自取饭菜的食堂里平地大玻璃杯流通的寿命[67]、工业材料的寿命长度的统计模型[68] 等. 另外, Gamma 分布在医学领域也有着广泛的应用, Galli 等[69] 利用 Gamma 分布来描述正常成年人、肝硬化和障碍性黄疸患者的肝搏动的记录模型.

参数为 $\alpha(\alpha > 0)$ 和 $\theta(\theta > 0)$ 的 Gamma 分布, 记为 Gamma(α, θ), 其中 α 称作形状参数, θ 称作刻度参数. 当 $\alpha = 1$ 时, Gamma$(1, \theta)$ 就是参数为 θ 的指数分布.

当产品寿命 T 服从 Gamma(α, θ) 时, T 的概率密度函数和可靠度函数分别为

$$f(t) = \frac{1}{\theta\,\Gamma(\alpha)}\left(\frac{t}{\theta}\right)^{\alpha-1}\mathrm{e}^{-\frac{t}{\theta}}, \quad t \geqslant 0$$

和

$$R(t) = \frac{1}{\theta\,\Gamma(\alpha)}\int_t^{\infty}\left(\frac{u}{\theta}\right)^{\alpha-1}\mathrm{e}^{-\frac{u}{\theta}}\mathrm{d}u, \quad t \geqslant 0.$$

这样, T 的风险率函数为

$$\lambda(t) = \frac{f(t)}{R(t)} = \frac{1}{\displaystyle\int_0^{\infty}\left(1 + \frac{u}{t}\right)^{\alpha-1}\mathrm{e}^{-\frac{u}{\theta}}\mathrm{d}u}, \quad t \geqslant 0,$$

当 $0 < \alpha \leqslant 1$ 时, $\lambda(t)$ 非增; 当 $\alpha \geqslant 1$ 时, $\lambda(t)$ 非减.

T 的平均寿命和方差分别为

$$\mu = E(T) = \alpha\theta$$

和

$$\mathrm{Var}(T) = \alpha\theta^2.$$

除了上面介绍的四种寿命分布, 极值分布、截尾正态分布等也是可靠性中常用的寿命分布, 我们就不再一一介绍了. 在后面章节中我们主要采用指数分布、Weibull 分布、对数正态分布和 Gamma 分布来进行估计效率的模拟计算.

参 考 文 献

[1] McIntyre G A. A method for unbiased selective sampling using ranked sets. Australian Journal of Agricultural Research, 1952, 3(4): 385-390.

[2] Halls L S, Dell T R. Trial of ranked set sampling for forage yields. Forest Science, 1966, 12(1): 22-26.

[3] Martin W L, Shank T L, Oderwald R G, et al. Evaluation of ranked set sampling for estimating shrub phytomass in Appalachian Oak forest. Technical Report No. FWS-4-80, School of Forestry and Wildlife Resources VPI & SU Blacksburg, VA, 1980.

[4] Husby C E, Stasny E A, Wolfe D A. An application of ranked set sampling for mean and median estimation using USDA crop production data. Journal of Agricultural, Biological and Environmental Statistics, 2005, 10(3): 354-373.

[5] Bocci C, Petrucci A, Rocco E. Ranked set sampling allocation models for multiple skewed variables: An application to agricultural data. Environmental and Ecological Statistics, 2010, 17(3): 333-345.

[6] Yu P L, Tam C Y. Ranked set sampling in the presence of censored data. Environmetrics, 2002, 13(4): 379-396.

[7] Stokes S L. Ranked set sampling with concomitant variables. Communications in Statistics: Theory and Methods, 1977, 6(12): 1207-1211.

[8] Risch N, Zhang H. Extreme discordant sib pairs for mapping quantitative trait loci in humans. Science, 1995, 268(5217): 1584-1589.

[9] Wolfe D A. Ranked set sampling: An approach to more efficient data collection. Statistical Science, 2004, 19(4): 636-643.

[10] Chen Z. Ranked set sampling: Its essence and some new applications. Environmental and Ecological Statistics, 2007, 14(4): 355-363.

[11] Bouza C N. Ranked set sampling and randomized response procedures for estimating the mean of a sensitive quantitative character. Metrika, 2009, 70(3): 267-277.

[12] El-Neweihi E, Sinha B K. Reliability estimation based on ranked set sampling. Communications in Statistics-Theory and Methods, 2000, 29(7): 1583-1595.

[13] Muttlak H, Al-Sabah W. Statistical quality control based on ranked set sampling. Journal of Applied Statistics, 2003, 30(9): 1055-1078.

[14] Awais M, Haq A. A new cumulative sum control chart for monitoring the process mean using varied L ranked set sampling. Journal of Industrial and Production Engineering, 2018, 35(2): 74-90.

[15] Nawaz T, Han D. Monitoring the process location by using new ranked set sampling based memory control charts. Quality Technology & Quantitative Management, 2020, 17(3): 255-284.

[16] Chen Z H, Bai Z D, Sinha B K. Ranked Set Sampling: Theory and Application. New York: Springer, 2004.

[17] Mehmood R, Riaz M, Does R. Quality quandaries: On the application of different ranked set sampling schemes. Quality Engineering, 2014, 26(3): 370-378.

[18] Wang X L, Lim J, Stokes L. Using ranked set sampling with cluster randomized designs for improved inference on treatment effects. Journal of the American Statistical Association, 2016, 111(516) : 1576-1590.

[19] Zamanzade E, Mahdizadeh M. Estimating the population proportion in pair ranked set sampling with application to air quality monitoring. Journal of Applied Statistics, 2018, 45(3): 1-12.

[20] Tutkun N A, Koyuncu N, Karabey U. Discrete-time survival analysis under ranked set sampling: An application to Turkish motor insurance data. Journal of Statistical Computation and Simulation, 2019, 89(4): 660-667.

[21] Takahasi K, Wakimoto K. On unbiased estimates of the population mean based on the sample stratified by means of ordering. Annals of the Institute of Statistical Mathematics, 1968, 20(1): 1-31.

[22] Dell T R, Clutter J L. Ranked set sampling theory with order statistics background. Biometrics, 1972, 28(2): 545-555.

[23] Stokes S L, Sager T W. Characterization of a ranked-set sample with application to estimating distribution functions. Journal of the American Statistical Association, 1988, 83(402): 374-381.

[24] Huang J. Asymptotic properties of the NPMLE of a distribution function based on ranked set samples. The Annals of Statistics, 1997, 25(3): 1036-1049.

[25] Amiri S, Jozani M J, Modarres R. Exponentially tilted empirical distribution function for ranked set samples. Journal of the Korean Statistical Society, 2016, 45(2): 176-187.

[26] Gulati S. Smooth non-parametric estimation of the distribution function from balanced ranked set samples. Environmetrics, 2004, 15(5): 529-539.

[27] Chen Z H. Density estimation using ranked-set sampling data. Environmental and Ecological Statistics, 1999, 6(2): 135-146.

[28] Zhao X Y, Chen Z H. On the ranked set sampling M-estimates for symmetric location families. Annals of the Institute of Statistical Mathematics, 2002, 54(3): 626-640.

[29] 李涛, 吴边. 基于样本均值的最优无重叠 k-序对排序集抽样. 数学学报, 2017, 60(6): 897-910.

[30] MacEachern S N, Ozturk O, Wolfe D A, et al. A new ranked set sample estimator of variance. Journal of the Royal Statistical Society Series B: Statistical Methodology,

2002, 64(2): 177-188.

[31] Balci S, Akkava A D, Ulgen B E. Modified maximum likelihood estimators using ranked set sampling. Journal of Computational and Applied Mathematics, 2013, 238(1): 171-179.

[32] Chen Z H. On ranked set sample quantiles and their applications. Journal of Statistical Planning and Inference, 2000, 83(1): 125-135.

[33] Ozturk O. Statistical inference for population quantiles and variance in judgment post-stratified samples. Computational Statistics and Data Analysis, 2014, 77(1): 188-205.

[34] 张正家. 总体均值和分位数基于秩集抽样样本的经验似然推断. 东北师范大学博士学位论文, 2016.

[35] 李乃医. 排序集抽样与经验似然统计推断. 广州大学博士学位论文, 2017.

[36] Stokes S L. Parametric ranked set sampling. Annals of the Institute of Statistical Mathematics, 1995, 47(3): 465-482.

[37] Zheng G, Al-Saleh M F. Modified maximum likelihood estimators based on ranked set samples. Annals of the Institute of Statistical Mathematics, 2002, 54(3): 641-658.

[38] Abu-Dayyeh W A, Al-Subh S A, Muttlak H A. Logistic parameters estimation using simple random sampling and ranked set sampling data. Applied Mathematics and Computation, 2004, 150(2): 543-554.

[39] Chacko M, Thomas P Y. Estimation of a parameter of Morgenstern type bivariate exponential distribution by ranked set sampling. Annals of the Institute of Statistical Mathematics, 2008, 60: 301-318.

[40] Shadid M R, Raqab M Z, Al-Omari A I. Modified BLUEs and BLIEs of the location and scale parameters and the population mean using ranked set sampling. Journal of Statistical Computation and Simulation, 2011, 81(3): 261-274.

[41] Chacko M. Bayesian estimation based on ranked set sample from Morgenstern type bivariate exponential distribution when ranking is imperfect. Metrika, 2017, 80(3): 333-349.

[42] 赵媛媛. 信号模型中若干参数估计问题的研究. 中国科学技术大学博士学位论文, 2011.

[43] 吴茗. 非简单随机抽样下的一些统计推断问题. 华中师范大学博士学位论文, 2011.

[44] 王启华. 生存数据统计分析. 北京: 科学出版社, 2006.

[45] 陈家鼎. 生存分析与可靠性. 北京: 北京大学出版社, 2005.

[46] Ozturk O, Wolfe D A. An improved ranked set two sample Mann-Whitney-Wilcoxon test. Canadian Journal of Statistics, 2000, 28(1): 123-135.

[47] Muttlak H A. Investigating the use of quartile ranked set samples for estimating the population mean. Applied Mathematics and Computation, 2003, 146(2-3): 437-443.

[48] 董晓芳, 张良勇. 基于中位数排序集抽样的非参数估计. 数理统计与管理, 2013, (3): 86-91.

[49] Ozturk O, Wolfe D A. A new ranked set sampling protocol for the signed rank test. Journal of Statistical Planning and Inference, 2001, 96(2): 351-370.

[50] Zhang L Y, Dong X F. Optimal ranked set sampling design for the sign test. Chinese Journal of Applied Probability and Statistics, 2010, 26(3): 225-233.

[51] Shaibu A B, Muttlak H A. A comparison of the maximum likelihood estimators under ranked set sapling some of its modifications. Applied Mathematics and Computation, 2002, 129(2): 441-453.

[52] Muttlak H A, Abu-Dayyeh W. Weighted modified ranked set sampling methods. Applied Mathematics and Computation, 2004, 151(3): 645-657.

[53] Al-Saleh M F, Al-Hadrami S. Estimation of the mean of the exponential distribution using moving extremes ranked set sampling. Statistical Papers, 2003, 44(3): 367-382.

[54] Al-Saleh M F, Al-Hadrami S A. Parametric estimation for the location parameter for symmetric distributions using moving extremes ranked set sampling with application to trees data. Environmetrics, 2003, 14(7): 651-664.

[55] Al-Saleh M F, Al-Ananbeh A M. Estimation of the means of the bivariate normal using moving extreme ranked set sampling with concomitant variable. Statistical Papers, 2007, 48(2): 179-195.

[56] Modarres R, Hui T P, Zheng G. Resampling methods for ranked set samples. Computational Statistics & Data Analysis, 2006, 51(2): 1039-1050.

[57] Ghosh K, Tiwari R C. Estimating the distribution function using k-tuple ranked set samples. Journal of Statistical Planning and Inference, 2008, 138(4): 929-949.

[58] Dong X F, Cui L R, Liu F Y. A further study on reliable life estimation under ranked set sampling. Communications in Statistics-Theory and Methods, 2012, 41(21): 3888-3902.

[59] 董晓芳, 崔利荣, 张良勇. 基于广义排序集样本的分位数估计. 北京理工大学学报 (自然科学中文版), 2013, 33(2): 213-216.

[60] 茆诗松, 汤银才, 王玲玲. 可靠性统计. 北京: 高等教育出版社, 2008.

[61] Davis D J. An analysis of some failure date. Journal of the American Statistical Association, 1952, 47(258): 113-150.

[62] Williams J S. Efficient analysis of Weibull survival data from experiments on heterogeneous patient populations. Biometrics, 1978, 34(2): 209-222.

[63] Scott B R, Hahn F F. A model that leads to the Weibull distribution function to characterize early radiation response probabilities. Health Physics, 1980, 39(3): 521-530.

[64] Aitchison J, Brown J A C. The Lognormal Distribution. Cambridge: Cambridge University Press, 1957.

[65] Horner R D. Age at onset of Alzheimer's disease: Clue to the relative importance of etiologic factors. American Journal of Epidemiology, 1987, 126(2): 409-414.

[66] 曹晋华, 程侃. 可靠性数学引论. 北京: 科学出版社, 2006.

[67] Brown G W, Flood M M. Tumbler mortality. Journal of the American Statistical Association, 1947, 42(240): 562-574.

[68]　Birnbaum Z W, Saunders S C. A statistical model for life-length of materials. Journal of the American Statistical Association, 1958, 53(281): 151-160.

[69]　Galli G, Maini C L, Salvatori M, et al. A practical approach to the hepatobiliary kinetics of ^{99m}TC-HIDA: Clinical validation of the method and a preliminary report on its use for parametric imaging. European Journal of Nuclear Medicine, 1983, 8(7): 292-298.

第2章 标准排序集抽样下指数分布的参数估计

指数分布在可靠性试验中占有非常重要的地位, 它可以很好地用来描述某些电子元器件的寿命[1]. 假设产品寿命 T 服从参数为 θ 的指数分布, 则 T 的概率密度函数和可靠度函数分别为

$$f(t) = \frac{1}{\theta}\mathrm{e}^{-\frac{t}{\theta}}, \quad \theta > 0, \quad t \geqslant 0 \tag{2.1}$$

和

$$R(t) = \mathrm{e}^{-\frac{t}{\theta}}, \quad \theta > 0, \quad t \geqslant 0, \tag{2.2}$$

其中 θ 是待估的未知参数.

基于标准排序集样本的指数分布参数 θ 的估计问题, 已有一些文献进行了讨论. Bhoj[2] 提出用标准排序集样本均值来估计参数 θ, 并证明了其估计效率高于简单随机样本均值. Zheng 和 Al-Saleh[3] 讨论了 SRSS 下参数 θ 的极大似然估计量 (maximum likelihood estimator, MLE), 但是其似然方程没有显示解. Chacko 和 Thomas[4] 考虑了两变量指数分布的参数估计问题. Shadid 等[5] 给出了 SRSS 下 θ 的修正最优线性无偏估计, 数值计算结果表明: SRSS 方法的抽样效率高于 SRS 方法. 吴茗[6] 针对二元指数分布采用伴随变量排序法对总体参数 θ 进行了估计, 验证了 SRSS 方法的高效率. 针对 SRSS 下似然方程没有显示解的问题, 董晓芳和张良勇[7] 利用部分期望法对 MLE 进行修正, 并给出其具体表达式, 估计效率的比较结果表明: SRSS 下修正 MLE 的估计效率都一致高于 SRS 下 MLE. Chacko[8] 研究了基于 SRSS 方法的 Morgenstern 型二元指数分布参数的贝叶斯估计, 证明了即使在排序不完美情形下 SRSS 方法的抽样效率仍然高于 SRS 方法. Chen 等[9] 考虑了 SRSS 下单参数指数分布族参数的 MLE, 根据样本族的性质找到最优聚类, 并在一定条件下证明了 MLE 的存在性和唯一性. Sarikavanij 等[10] 研究了 SRSS 下指数分布的位置参数和尺度参数的估计问题, 并证明了 SRSS 下估计量的估计效率高于 SRS 下相应估计量. 此外, 文献 [11,12] 研究了基于非标准 RSS 方法的指数参数 θ 的估计问题.

本章利用标准排序集样本, 建立指数分布参数 θ 的 MLE、修正 MLE 和最优线性无偏估计量 (best linear unbiased estimator, BLUE), 分析这些估计量的统计性质, 并分别与 SRS 下相应估计量进行估计效率的比较.

2.1　标准排序集抽样方法

SRSS 方法的抽样过程[13,14] 为:

第一步, 从总体中随机抽取大小为 m^2 的样本, 将它们随机划分为 m 个小组, 每组 m 个;

第二步, 利用直观感知的信息对每个小组进行由小到大的排序, 这些信息包括专家观点、视觉比较及另外一些易于获得的信息, 但不包括与所推断量有关的具体测量;

第三步, 从第 1 组抽出次序为 1 的样本单元, 从第 2 组中抽出次序为 2 的样本单元, 依此类推, 直至从第 m 组中抽出次序为 m 的样本单元, 然后对筛选出的 m 个样本单元进行具体的测量.

从上述步骤来看, 虽然从总体中一共抽取了 m^2 个样本单元, 但是我们只对 m 个单元进行了实际测量. 简单地说, 也就是从容量为 m 的第 i 个排序小组中选出次序为 i $(i = 1, 2, \cdots, m)$ 的样本单元并进行实际测量. 我们称 m 为排序小组数, 为了避免直观排序出现误差, m 的取值不宜太大, 一般 $m \leqslant 10$. 以上三步称为一次循环, 为了增大样本量, 将循环重复 k 次, 则得到样本量为 $n = mk$ 的标准排序集样本.

若令 $T_{(i)j}$ 表示在第 j 次循环中从第 i 个小组选出次序为 i 的样本单元, 则标准排序集样本表示为

$$
\begin{array}{cccc}
T_{(1)1} & T_{(1)2} & \cdots & T_{(1)k} \\
T_{(2)1} & T_{(2)2} & \cdots & T_{(2)k} \\
\vdots & \vdots & & \vdots \\
T_{(m)1} & T_{(m)2} & \cdots & T_{(m)k}
\end{array}
$$

标准排序集样本的显著特点有

(1) 标准排序集样本单元之间相互独立, 因为每一个样本单元来自不同的排序小组;

(2) 每一行的样本单元之间独立且同分布, 即对于任意给定的 $i(i = 1, 2, \cdots, m)$, $T_{(i)1}, T_{(i)2}, \cdots, T_{(i)k}$ 不仅相互独立, 并且都和容量为 m 的简单随机样本第 i 次序统计量的分布相同;

(3) 每一列都包含了 m 个秩次的信息, 并且每个秩次的信息相等;

(4) 当 $m = 1$ 时, 标准排序集样本就是样本量为 n 的简单随机样本.

为了书写方便, 标准排序集样本一般简记为

$$
T_{(i)j}, \quad i = 1, 2, \cdots, m; \quad j = 1, 2, \cdots, k.
$$

2.2 参数的极大似然估计

2.2.1 极大似然估计量

假设产品寿命 T 服从参数为 θ 的指数分布, 令 $T_{(i)j}$, $i = 1, 2, \cdots, m$; $j = 1, 2, \cdots, k$ 是抽自总体 T 的标准排序集样本, 样本量 $n = mk$. 根据 SRSS 方法的抽样过程, $T_{(i)j}$ 可看成总体 T 的样本量为 m 的简单随机样本的第 i 次序统计量的第 j 次观察. 对于任意给定的排序小组数 m, $T_{(i)j}$ 的分布依赖于次序 i, 而与循环次数 j 无关. 根据公式 (2.1) 和 (2.2), 对于任意给定的 $i(i = 1, 2, \cdots, m)$ 和 $j(j = 1, 2, \cdots, k)$, $T_{(i)j}$ 的概率密度函数为

$$
\begin{aligned}
f_{(i)}(t_{(i)j}) &= i \binom{m}{i} [1 - R(t_{(i)j})]^{i-1} R^{m-i}(t_{(i)j}) f(t_{(i)j}) \\
&= \frac{i}{\theta} \binom{m}{i} \left(1 - \mathrm{e}^{-t_{(i)j}/\theta}\right)^{i-1} \mathrm{e}^{-(m-i+1)t_{(i)j}/\theta}.
\end{aligned}
\tag{2.3}
$$

另外, 根据牛顿二项展开式, 有

$$
\begin{aligned}
\left(1 - \mathrm{e}^{-t_{(i)j}/\theta}\right)^{i-1} &= \sum_{u=0}^{i-1} (-1)^{i-1-u} \binom{i-1}{u} \mathrm{e}^{-(i-1-u)t_{(i)j}/\theta} \\
&= \sum_{u=0}^{i-1} \frac{(-1)^{i-1-u}(i-1)!}{u!(i-1-u)!} \mathrm{e}^{-(i-1-u)t_{(i)j}/\theta}.
\end{aligned}
\tag{2.4}
$$

将公式 (2.4) 代入公式 (2.3), 整理后可得到 $f_{(i)}(t_{(i)j})$ 的另一表达式, 其具体为

$$
f_{(i)}(t_{(i)j}) = \frac{m!}{(m-i)!\theta} \sum_{u=0}^{i-1} \frac{(-1)^{i-1-u}}{u!(i-1-u)!} \mathrm{e}^{-(m-u)t_{(i)j}/\theta}.
\tag{2.5}
$$

根据公式 (2.3) 和 $n = mk$, 基于标准排序集样本 $T_{(i)j}$, $i = 1, 2, \cdots, m$; $j = 1, 2, \cdots, k$ 的参数 θ 的似然函数为

$$
L(\theta) = \prod_{i=1}^{m} \prod_{j=1}^{k} f_{(i)}(t_{(i)j}) = \frac{C}{\theta^n} \prod_{i=1}^{m} \prod_{j=1}^{k} \left(1 - \mathrm{e}^{-t_{(i)j}/\theta}\right)^{i-1} \mathrm{e}^{-(m-i+1)t_{(i)j}/\theta},
\tag{2.6}
$$

其中 $C = \left[\prod_{i=1}^{m} i \binom{m}{i}\right]^{k}$ 为常数.

根据公式 (2.6), 基于标准排序集样本的参数 θ 的对数似然函数为

$$\ln L(\theta) = \ln C - n\ln\theta + \sum_{i=1}^{m}\sum_{j=1}^{k}(i-1)\ln\left(1-\mathrm{e}^{-t_{(i)j}/\theta}\right) - \frac{1}{\theta}\sum_{i=1}^{m}\sum_{j=1}^{k}(m-i+1)t_{(i)j}. \tag{2.7}$$

再根据公式 (2.7), 基于标准排序集样本的参数 θ 的似然方程为

$$\frac{\mathrm{d}\ln L(\theta)}{\mathrm{d}\theta} = -\frac{n}{\theta} - \frac{1}{\theta^2}\sum_{i=1}^{m}\sum_{j=1}^{k}\frac{(i-1)t_{(i)j}}{\mathrm{e}^{t_{(i)j}/\theta}-1} + \frac{1}{\theta^2}\sum_{i=1}^{m}\sum_{j=1}^{k}(m-i+1)t_{(i)j} = 0. \tag{2.8}$$

令 $\hat{\theta}_{\mathrm{MLE,SRSS}}$ 表示基于标准排序集样本的参数 θ 的 MLE. 下面定理证明了 $\hat{\theta}_{\mathrm{MLE,SRSS}}$ 的存在性和唯一性.

定理 2.1　对于任意给定的小组数 m 和循环次数 k, $\hat{\theta}_{\mathrm{MLE,SRSS}}$ 存在且唯一.

证明　根据公式 (2.8), 得

$$\frac{\mathrm{d}\ln L(\theta)}{\mathrm{d}\theta} = \frac{1}{\theta^2}h(\theta) = 0, \tag{2.9}$$

其中

$$h(\theta) = -n\theta - \sum_{i=1}^{m}\sum_{j=1}^{k}\frac{(i-1)t_{(i)j}}{\mathrm{e}^{t_{(i)j}/\theta}-1} + \sum_{i=1}^{m}\sum_{j=1}^{k}(m-i+1)t_{(i)j}. \tag{2.10}$$

因为 $\theta > 0$, 所以 $\hat{\theta}_{\mathrm{MLE,SRSS}}$ 是方程 $h(\theta) = 0$ 的解.

因为

$$\frac{\mathrm{d}h(\theta)}{\mathrm{d}\theta} = -n - \sum_{i=1}^{m}\sum_{j=1}^{k}\frac{(i-1)t_{(i)j}^2\mathrm{e}^{t_{(i)j}/\theta}}{\left(\mathrm{e}^{t_{(i)j}/\theta}-1\right)^2} < 0,$$

$$\lim_{\theta\to 0^+}h(\theta) > 0$$

和

$$\lim_{\theta\to +\infty}h(\theta) < 0,$$

所以方程 $h(\theta) = 0$ 存在唯一解, 这表明 $\hat{\theta}_{\mathrm{MLE,SRSS}}$ 存在且唯一.　　　　　　证毕

2.2.2　Fisher 信息

Fisher 信息是统计学中的一个重要结果, 这里先介绍 Fisher 信息的概念.

定义 2.1[15]　设统计结构 $(\mathscr{x},\ \beta,\ \{P_{\theta},\boldsymbol{\theta}\in\Theta\})$ 可控, Θ 是 R^k 的子集合. 假如定义在 $(\mathscr{x},\beta)$ 上取值于 $(R^k,\ \beta_{R^k})$ 的随机向量

$$\boldsymbol{S}_{\boldsymbol{\theta}}(X) = \left(\frac{\partial\ln p_{\boldsymbol{\theta}}(x)}{\partial\theta_1},\ \cdots,\ \frac{\partial\ln p_{\boldsymbol{\theta}}(x)}{\partial\theta_k}\right)^{\mathrm{T}}$$

满足

(1) $S_{\boldsymbol{\theta}}(X)$ 对一切 $\boldsymbol{\theta} \in \Theta$ 有定义;

(2) $E_{\boldsymbol{\theta}}[S_{\boldsymbol{\theta}}(X)] = 0, \ \forall \boldsymbol{\theta} \in \Theta$;

(3) $S_{\boldsymbol{\theta}}(X)$ 模平方可积, 即 $\|S_{\boldsymbol{\theta}}(X)\|^2 < \infty$,

则把 $S_{\boldsymbol{\theta}}(X)$ 的协差阵

$$I(\boldsymbol{\theta}) = \mathrm{Var}(S_{\boldsymbol{\theta}}(X)) = E_{\boldsymbol{\theta}}[S_{\boldsymbol{\theta}}(X)S_{\boldsymbol{\theta}}^{\mathrm{T}}(X)]$$

称为该统计结构的 Fisher 信息矩阵, 简称 Fisher 信息阵. 当 $k = 1$ 时, $I(\boldsymbol{\theta})$ 常称为 Fisher 信息.

关于 Fisher 信息阵, 首先有一个存在性问题. 对此, 众所周知的结论是: Cramer-Rao 正则族中 Fisher 信息阵存在.

定义 2.2[15]   分布族 $\{p_{\boldsymbol{\theta}}(x), \ \boldsymbol{\theta} \in \Theta\}$ 称为 Cramer-Rao 正则族, 如果

(1) Θ 是 R^k 上开矩形;

(2) $\partial \ln p_{\boldsymbol{\theta}}(x)/\partial \theta_i, \ i = 1, 2, \cdots, k$ 对所有 $\boldsymbol{\theta} \in \Theta$ 都存在;

(3) 支撑 $A = \{x : p_{\boldsymbol{\theta}}(x) > 0\}$ 与 $\boldsymbol{\theta}$ 无关;

(4) 对 $p_{\boldsymbol{\theta}}(x)$, 积分与微分可变换;

(5) 对一切 $1 \leqslant i, j \leqslant k, \ \forall \boldsymbol{\theta} \in \Theta, \ E_{\boldsymbol{\theta}} \left| \dfrac{\partial \ln p_{\boldsymbol{\theta}}(x)}{\partial \theta_i} \dfrac{\partial \ln p_{\boldsymbol{\theta}}(x)}{\partial \theta_j} \right| < \infty$.

令 $I_{\mathrm{SRSS}}(\theta)$ 表示基于标准排序集样本的参数 θ 的 Fisher 信息. 由 Chen 等[14] 可知, 指数分布的次序统计量满足定义 2.2 的所有条件, 于是 $I_{\mathrm{SRSS}}(\theta)$ 存在.

根据定义 2.1, 再根据 $T_{(i)j}, \ j = 1, 2, \cdots, k$ 的独立同分布性和公式 (2.8), 得

$$
\begin{aligned}
I_{\mathrm{SRSS}}(\theta) &= E\left[\left(\frac{\mathrm{d}\ln L(\theta)}{\mathrm{d}\theta}\right)^2\right] \\
&= -E\left[\frac{\mathrm{d}^2 \ln L(\theta)}{\mathrm{d}\theta^2}\right] \\
&= E\left[\frac{n}{\theta^2} + \frac{1}{\theta}\sum_{i=1}^{m}\sum_{j=1}^{k}\frac{(i-1)\left(2\mathrm{e}^{t_{(i)j}/\theta} - \mathrm{e}^{t_{(i)j}/\theta}\cdot t_{(i)j}/\theta - 2\right)t_{(i)j}}{(\mathrm{e}^{t_{(i)j}/\theta} - 1)^2}\right.\\
&\quad \left. - \frac{2}{\theta^3}\sum_{i=1}^{m}\sum_{j=1}^{k}(m-i+1)t_{(i)j}\right] \\
&= -\frac{n}{\theta^2} + \frac{k}{\theta^2}E\left[\sum_{i=1}^{m}\frac{(i-1)(t_{(i)1}^{*}\mathrm{e}^{t_{(i)1}^{*}} + 2 - 2\mathrm{e}^{t_{(i)1}^{*}})t_{(i)1}^{*}}{(\mathrm{e}^{t_{(i)1}^{*}} - 1)^2}\right] \\
&\quad + \frac{2k}{\theta^2}E\left[\sum_{i=1}^{m}(m-i+1)t_{(i)1}^{*}\right]
\end{aligned}
$$

$$= -\frac{n}{\theta^2} + I_1 + I_2, \tag{2.11}$$

其中 $t_{(i)1}^* = t_{(i)1}/\theta$ 表示标准指数分布 Exp(1) 的样本量为 m 的简单随机样本的第 i 次序统计量的第 1 次循环，且

$$I_1 = \frac{k}{\theta^2} E\left[\sum_{i=1}^{m} \frac{(i-1)(t_{(i)1}^* e^{t_{(i)1}^*} + 2 - 2e^{t_{(i)1}^*}) t_{(i)1}^*}{(e^{t_{(i)1}^*} - 1)^2}\right], \tag{2.12}$$

$$I_2 = \frac{2k}{\theta^2} E\left[\sum_{i=1}^{m} (m - i + 1) t_{(i)1}^*\right]. \tag{2.13}$$

为了进一步计算 $I_{\mathrm{SRSS}}(\theta)$，需要利用以下两个重要的引理.

引理 2.1[14]　如果 $T_{(i)}$ 是总体分布函数为 $H(t)$ 的样本量为 m 的简单随机样本的第 $i\,(i = 1, 2, \cdots, m)$ 次序统计量，那么对于任意给定函数 $G(t)$，有

$$E\left[\sum_{i=1}^{m} (i-1)\frac{G(T_{(i)})}{H(T_{(i)})}\right] = m(m-1)E[G(T)], \tag{2.14}$$

$$E\left[\sum_{i=1}^{m} (m-i)\frac{G(T_{(i)})}{1 - H(T_{(i)})}\right] = m(m-1)E[G(T)].$$

引理 2.2[1]　如果 $T_{(i)}$ 是参数为 θ 的指数分布的样本量为 m 的简单随机样本的第 $i\,(i = 1, 2, \cdots, m)$ 次序统计量，那么

$$E[T_{(i)}] = \theta \sum_{s=1}^{i} \frac{1}{m - s + 1}, \tag{2.15}$$

$$\mathrm{Var}[T_{(i)}] = \theta^2 \sum_{s=1}^{i} \frac{1}{(m - s + 1)^2}. \tag{2.16}$$

首先，计算公式 (2.11) 中的 I_1，根据公式 (2.12) 和公式 (2.14)，得

$$\begin{aligned}
I_1 &= \frac{k}{\theta^2} E\left[\sum_{i=1}^{m}(i-1)\frac{(t_{(i)1}^*)^2 e^{t_{(i)1}^*}}{(e^{t_{(i)1}^*}-1)^2} + 2\sum_{i=1}^{m}(i-1)\frac{(1 - e^{t_{(i)1}^*})t_{(i)1}^*}{(e^{t_{(i)1}^*}-1)^2}\right] \\
&= \frac{k}{\theta^2} E\left[\sum_{i=1}^{m}(i-1)\frac{(t_{(i)1}^*)^2(e^{t_{(i)1}^*}-1)^{-1}}{1 - e^{-t_{(i)1}^*}} - 2\sum_{i=1}^{m}(i-1)\frac{t_{(i)1}^* e^{-t_{(i)1}^*}}{1 - e^{-t_{(i)1}^*}}\right] \\
&= \frac{k}{\theta^2}\left[m(m-1)E\left(\frac{t^2}{e^t-1}\right) - 2m(m-1)E\left(\frac{t}{e^t}\right)\right] \\
&= \frac{n(m-1)}{\theta^2}\left[E\left(\frac{t^2}{e^t-1}\right) - \frac{1}{2}\right]. \tag{2.17}
\end{aligned}$$

然后, 计算公式 (2.11) 中的 I_2, 根据公式 (2.13) 和公式 (2.15), 得

$$I_2 = \frac{2k}{\theta^2} \sum_{i=1}^{m} \sum_{s=1}^{i} \frac{m-i+1}{m-s+1},$$

又因为

$$\sum_{i=1}^{m} \sum_{s=1}^{i} \frac{m-i+1}{m-s+1} = \sum_{s=1}^{m} \sum_{i=s}^{m} \frac{m-i+1}{m-s+1}$$

$$= \sum_{s=1}^{m} \frac{(m-s+1)+(m-s)+\cdots+1}{m-s+1}$$

$$= \frac{1}{2} \sum_{s=1}^{m} (m-s+2)$$

$$= \frac{1}{4} m(m+3), \tag{2.18}$$

所以

$$I_2 = \frac{mk(m+3)}{2\theta^2} = \frac{n(m+3)}{2\theta^2}. \tag{2.19}$$

最后将公式 (2.17) 和 (2.19) 代入公式 (2.11), 得

$$I_{\mathrm{SRSS}}(\theta) = -\frac{n}{\theta^2} + \frac{n(m-1)}{\theta^2} \left[E\left(\frac{t^2}{\mathrm{e}^t - 1} \right) - \frac{1}{2} \right] + \frac{n(m+3)}{2\theta^2}$$

$$= \frac{n}{\theta^2} + \frac{n(m-1)}{\theta^2} E\left(\frac{t^2}{\mathrm{e}^t - 1} \right)$$

$$= \frac{n}{\theta^2} \left[1 + 0.4041(m-1) \right]. \tag{2.20}$$

我们计算的 $I_{\mathrm{SRSS}}(\theta)$ 与文献 [16,17] 的计算结果一致, 但计算方法不一样.

令 $T_1, T_2, \cdots, T_n$ 为抽自 T 的简单随机样本, $I_{\mathrm{SRS}}(\theta)$ 表示基于简单随机样本的参数 θ 的 Fisher 信息. 由茆诗松等[15] 知

$$I_{\mathrm{SRS}}(\theta) = \frac{n}{\theta^2}. \tag{2.21}$$

针对指数分布的参数 θ, 当样本量相同时, 下面定理说明了标准排序集样本比简单随机样本包含了更多的 Fisher 信息.

定理 2.2 对于任意给定的排序小组数 m 和循环次数 k, 有

$$I_{\mathrm{SRSS}}(\theta) \geqslant I_{\mathrm{SRS}}(\theta).$$

证明 对于任意给定的 m 和 k, 根据公式 (2.20) 和 (2.21), 有

$$I_{\mathrm{SRSS}}(\theta) = I_{\mathrm{SRS}}(\theta) \left[1 + 0.4041(m-1) \right] \geqslant I_{\mathrm{SRS}}(\theta). \qquad 证毕$$

2.2.3 相合性和渐近正态性

令 $T_1, T_2, \cdots, T_n$ 为抽自 T 的简单随机样本, 样本量为 n. 由茆诗松等[15] 知, 基于简单随机样本的参数 θ 的 MLE 为

$$\hat{\theta}_{\mathrm{MLE,SRS}} = \bar{T}, \tag{2.22}$$

其中

$$\bar{T} = \frac{1}{n}\sum_{i=1}^{n} T_i.$$

下面定理说明了 $\hat{\theta}_{\mathrm{MLE,SRS}}$ 具有强相合性和渐近正态性, 并具体给出了 $\sqrt{n}\hat{\theta}_{\mathrm{MLE,SRS}}$ 的渐近方差.

定理 2.3   对于指数分布的参数 θ, 有

(1) 以概率 1,

$$\lim_{n\to\infty}\hat{\theta}_{\mathrm{MLE,SRS}} = \theta.$$

(2) 当 $n \to \infty$ 时,

$$\sqrt{n}(\hat{\theta}_{\mathrm{MLE,SRS}} - \theta) \xrightarrow{L} N\left(0,\ \sigma^2_{\mathrm{MLE,SRS}}(\theta)\right),$$

其中

$$\sigma^2_{\mathrm{MLE,SRS}}(\theta) = \theta^2. \tag{2.23}$$

证明   估计量 $\hat{\theta}_{\mathrm{MLE,SRS}}$ 关于 θ 的相合性可由文献 [15] 的定理 2.13 直接证明, $\hat{\theta}_{\mathrm{MLE,SRS}}$ 关于 θ 的渐近正态性可由文献 [15] 的定理 2.14 直接证明. 再根据公式 (2.21), $\sqrt{n}\hat{\theta}_{\mathrm{MLE,SRS}}$ 的渐近方差为

$$\sigma^2_{\mathrm{MLE,SRS}}(\theta) = \frac{1}{I_{\mathrm{SRS}}(\theta)} = \theta^2. \qquad\qquad 证毕$$

定理 2.1 说明了 $\hat{\theta}_{\mathrm{MLE,SRSS}}$ 存在且唯一, 下面定理说明了 $\hat{\theta}_{\mathrm{MLE,SRSS}}$ 具有强相合性和渐近正态性, 并具体给出了 $\sqrt{n}\hat{\theta}_{\mathrm{MLE,SRSS}}$ 的渐近方差.

定理 2.4   对于任意给定的排序小组数 m, 有

(1) 以概率 1, 有

$$\lim_{n\to\infty}\hat{\theta}_{\mathrm{MLE,SRSS}} = \theta.$$

(2) 当 $n \to \infty (k \to \infty)$ 时,

$$\sqrt{n}(\hat{\theta}_{\mathrm{MLE,SRSS}} - \theta) \xrightarrow{L} N\left(0,\ \sigma^2_{\mathrm{MLE,SRSS}}(\theta)\right),$$

其中

$$\sigma^2_{\mathrm{MLE,SRSS}}(\theta) = \frac{\theta^2}{1 + 0.4041(m-1)}. \tag{2.24}$$

证明 $\hat{\theta}_{\text{MLE,SRSS}}$ 强相合性的证明可以通过 $d \ln L(\theta)/d\theta$ 的泰勒级数展开式来实现, 采用的方法与 SRS 方法相似, 这里就不再详述. 根据标准排序集样本的显著特点、中心极限定理以及 Fisher 信息 $I_{\text{SRSS}}(\theta)$, 当 $n \to \infty (k \to \infty)$ 时, 有

$$\sqrt{n}(\hat{\theta}_{\text{MLE,SRSS}} - \theta) \xrightarrow{L} N\left(0, \frac{n}{I_{\text{SRSS}}(\theta)}\right).$$

这样, $\sqrt{n}\hat{\theta}_{\text{MLE,SRSS}}$ 的渐近方差为

$$\sigma^2_{\text{MLE,SRSS}}(\theta) = \frac{n}{I_{\text{SRSS}}(\theta)}.$$

再根据公式 (2.20), 定理即可得证. 证毕

2.2.4 渐近相对效率

下面比较估计量 $\hat{\theta}_{\text{MLE,SRSS}}$ 与 $\hat{\theta}_{\text{MLE,SRS}}$ 的估计效率.

根据定理 2.3 和定理 2.4, $\hat{\theta}_{\text{MLE,SRSS}}$ 与 $\hat{\theta}_{\text{MLE,SRS}}$ 的渐近方差分别为 $\sigma^2_{\text{MLE,SRSS}}(\theta)/n$ 和 $\sigma^2_{\text{MLE,SRS}}(\theta)/n$. 这样, $\hat{\theta}_{\text{MLE,SRSS}}$ 与 $\hat{\theta}_{\text{MLE,SRS}}$ 的渐近相对效率 (asymptotic relative efficiency, ARE) 定义为它们渐近方差比的倒数, 即

$$\text{ARE}(\hat{\theta}_{\text{MLE,SRSS}}, \hat{\theta}_{\text{MLE,SRS}}) = \left[\frac{\sigma^2_{\text{MLE,SRSS}}(\theta)/n}{\sigma^2_{\text{MLE,SRS}}(\theta)/n}\right]^{-1} = \frac{\sigma^2_{\text{MLE,SRS}}(\theta)}{\sigma^2_{\text{MLE,SRSS}}(\theta)}. \quad (2.25)$$

再将公式 (2.23) 和 (2.24) 代入公式 (2.25), 得

$$\text{ARE}(\hat{\theta}_{\text{MLE,SRSS}}, \hat{\theta}_{\text{MLE,SRS}}) = 1 + 0.4041(m-1). \quad (2.26)$$

由公式 (2.26) 知, $\text{ARE}(\hat{\theta}_{\text{MLE,SRSS}}, \hat{\theta}_{\text{MLE,SRS}})$ 仅与排序小组数 m 有关. 另外, 我们注意到当 $m = 1$ 时, $\text{ARE}(\hat{\theta}_{\text{MLE,SRSS}}, \hat{\theta}_{\text{MLE,SRS}}) = 1$; 当 $m \geqslant 2$ 时, $\text{ARE}(\hat{\theta}_{\text{MLE,SRSS}}, \hat{\theta}_{\text{MLE,SRS}}) > 1$.

表 2.1 给出了当 $m = 2(1)10$ 时 $\text{ARE}(\hat{\theta}_{\text{MLE,SRSS}}, \hat{\theta}_{\text{MLE,SRS}})$ 的取值. 从表中我们可以得到以下结论:

(1) 对于任意给定的排序小组数 m, $\hat{\theta}_{\text{MLE,SRSS}}$ 的估计效率一致高于 $\hat{\theta}_{\text{MLE,SRS}}$, 例如当 $m = 6$ 时, 估计量 $\hat{\theta}_{\text{MLE,SRSS}}$ 的估计效率大约是估计量 $\hat{\theta}_{\text{MLE,SRS}}$ 的 3 倍.

(2) $\text{ARE}(\hat{\theta}_{\text{MLE,SRSS}}, \hat{\theta}_{\text{MLE,SRS}})$ 的取值随着 m 的增大而增加, 这说明随着 m 的增大, $\hat{\theta}_{\text{MLE,SRSS}}$ 相对于 $\hat{\theta}_{\text{MLE,SRS}}$ 的优势越明显.

表 2.1 估计量 $\hat{\theta}_{\text{MLE,SRSS}}$ 与 $\hat{\theta}_{\text{MLE,SRS}}$ 的渐近相对效率

m	$\text{ARE}(\hat{\theta}_{\text{MLE,SRSS}}, \hat{\theta}_{\text{MLE,SRS}})$	m	$\text{ARE}(\hat{\theta}_{\text{MLE,SRSS}}, \hat{\theta}_{\text{MLE,SRS}})$	m	$\text{ARE}(\hat{\theta}_{\text{MLE,SRSS}}, \hat{\theta}_{\text{MLE,SRS}})$
2	1.4041	5	2.6164	8	3.8287
3	1.8082	6	3.0205	9	4.2328
4	2.2123	7	3.4246	10	4.6369

2.3　参数的修正极大似然估计

2.3.1　修正极大似然估计量

由公式 (2.8)~(2.10) 可知, $\hat{\theta}_{\mathrm{MLE,SRSS}}$ 是以下方程的解:

$$\sum_{i=1}^{m}\sum_{j=1}^{k}(m-i+1)t_{(i)j}-n\theta-\sum_{i=1}^{m}\sum_{j=1}^{k}\frac{(i-1)t_{(i)j}}{\mathrm{e}^{t_{(i)j}/\theta}-1}=0. \tag{2.27}$$

因为公式 (2.27) 中含有带参数的指数项 $\mathrm{e}^{t_{(i)j}/\theta}$, 所以此方程很难求出显示解. 为了解决这一问题, 我们采用 Mehrotra 和 Nanda[18] 的部分期望法对 MLE 进行修正, 部分期望法是指似然方程中一部分项用它们的数学期望来代替. 对于公式 (2.27), 我们把方程左边的第三项 $\sum\limits_{i=1}^{m}\sum\limits_{j=1}^{k}\dfrac{(i-1)t_{(i)j}}{\mathrm{e}^{t_{(i)j}/\theta}-1}$ 替换为它的数学期望.

首先, 计算 $\sum\limits_{i=1}^{m}\sum\limits_{j=1}^{k}\dfrac{(i-1)t_{(i)j}}{\mathrm{e}^{t_{(i)j}/\theta}-1}$ 的数学期望. 根据 $t_{(i)j}$, $j=1, 2, \cdots, k$ 的独立同分布性、公式 (2.3) 以及牛顿二项展开式, 得

$$
\begin{aligned}
&E\left[\sum_{i=1}^{m}\sum_{j=1}^{k}\frac{(i-1)t_{(i)j}}{\mathrm{e}^{t_{(i)j}/\theta}-1}\right]\\
&=k\sum_{i=1}^{m}(i-1)E\left[\frac{t_{(i)1}}{\mathrm{e}^{t_{(i)1}/\theta}-1}\right]\\
&=\theta k\sum_{i=1}^{m}(i-1)E\left[\frac{t_{(i)1}/\theta}{\mathrm{e}^{t_{(i)1}/\theta}-1}\right]\\
&=\theta k\sum_{i=1}^{m}(i-1)E\left[\frac{t_{(i)1}^{*}}{\mathrm{e}^{t_{(i)1}^{*}}-1}\right]\\
&=\theta k\sum_{i=1}^{m}(i-1)i\binom{m}{i}\int_{0}^{\infty}x(1-\mathrm{e}^{-x})^{i-2}\mathrm{e}^{-(m-i+2)x}\mathrm{d}x\\
&=\theta k\sum_{i=2}^{m}\frac{m!}{(i-2)!\,(m-i)!}\left[\sum_{s=0}^{i-2}(-1)^{i-s-2}\binom{i-2}{s}\int_{0}^{\infty}x\mathrm{e}^{-(m-s)x}\mathrm{d}x\right]\\
&=\theta km!\sum_{i=2}^{m}\frac{1}{(i-2)!\,(m-i)!}\left[\sum_{s=0}^{i-2}(-1)^{i-s-2}\binom{i-2}{s}\frac{1}{(m-s)^{2}}\right]
\end{aligned}
$$

$$= \theta k m! \sum_{i=2}^{m} \sum_{s=0}^{i-2} \frac{(-1)^{i-s-2}}{(m-i)!s!(i-s-2)!(m-s)^2}. \tag{2.28}$$

然后, 将公式 (2.28) 代替公式 (2.27) 中的 $\sum\limits_{i=1}^{m} \sum\limits_{j=1}^{k} \frac{(i-1)t_{(i)j}}{\mathrm{e}^{t_{(i)j}/\theta} - 1}$, 求解就可得到 SRSS 下参数 θ 的修正 MLE, 其具体表达式为

$$\hat{\theta}_{\mathrm{MMLE,SRSS}} = \frac{\displaystyle\sum_{i=1}^{m} \sum_{j=1}^{k} (m-i+1)T_{(i)j}}{\displaystyle n + km! \sum_{i=2}^{m} \sum_{s=0}^{i-2} \frac{(-1)^{i-s-2}}{(m-i)!s!(i-s-2)!(m-s)^2}}. \tag{2.29}$$

根据 Muttlak 等[19], 有

$$m! \sum_{i=2}^{m} \sum_{s=0}^{i-2} \frac{(-1)^{i-s-2}}{(m-i)!s!(i-s-2)!(m-s)^2} = \frac{1}{4}m(m-1). \tag{2.30}$$

再将公式 (2.30) 代入公式 (2.29), 得

$$\begin{aligned}
\hat{\theta}_{\mathrm{MMLE,SRSS}} &= \frac{\displaystyle\sum_{i=1}^{m} \sum_{j=1}^{k} (m-i+1)T_{(i)j}}{n + \dfrac{1}{4}mk(m-1)} \\
&= \frac{4\displaystyle\sum_{i=1}^{m} \sum_{j=1}^{k} (m-i+1)T_{(i)j}}{4mk + mk(m-1)} \\
&= \frac{4\displaystyle\sum_{i=1}^{m} \sum_{j=1}^{k} (m-i+1)T_{(i)j}}{mk(m+3)}.
\end{aligned} \tag{2.31}$$

这样, 对于给定的标准排序集样本 $T_{(i)j}$, $i = 1, 2, \cdots, m; j = 1, 2, \cdots, k$, 根据公式 (2.31), 就很容易算出 SRSS 下参数 θ 的修正 MLE.

2.3.2 无偏性

令 $T_1, T_2, \cdots, T_n$ 为抽自 T 的简单随机样本, 根据简单随机样本的独立同分布性和公式 (2.22), 得

$$E(\hat{\theta}_{\mathrm{MLE,SRS}}) = \frac{1}{n} \sum_{i=1}^{n} E(T_i) = E(T) = \theta. \tag{2.32}$$

公式 (2.32) 说明了 SRS 下估计量 $\hat{\theta}_{\text{MLE,SRS}}$ 是参数 θ 的无偏估计量.

下面定理证明了 SRSS 下修正估计量 $\hat{\theta}_{\text{MMLE,SRSS}}$ 是参数 θ 的无偏估计量.

定理 2.5　　对于任意给定的排序小组数 m 和循环次数 k, 有

$$E(\hat{\theta}_{\text{MMLE,SRSS}}) = \theta.$$

证明　　根据公式 (2.31) 和 $T_{(i)j}$, $j = 1, 2, \cdots, k$ 的独立同分布性, 得

$$
E(\hat{\theta}_{\text{MMLE,SRSS}}) = \frac{4 \sum_{i=1}^{m} \sum_{j=1}^{k} (m-i+1) E(T_{(i)j})}{mk(m+3)}
$$

$$
= \frac{4 \sum_{i=1}^{m} (m-i+1) E(T_{(i)1})}{m(m+3)}.
$$

根据公式 (2.15), 得

$$
E(\hat{\theta}_{\text{MMLE,SRSS}}) = \frac{4\theta \sum_{i=1}^{m} \sum_{s=1}^{i} \dfrac{m-i+1}{m-s+1}}{m(m+3)}.
$$

由公式 (2.18), 得

$$
4 \sum_{i=1}^{m} \sum_{s=1}^{i} \frac{m-i+1}{m-s+1} = m(m+3).
$$

所以 $E(\hat{\theta}_{\text{MMLE,SRSS}}) = \theta$.　　　　　　　　　　　　　　　　证毕

2.3.3　相对效率

根据简单随机样本的独立同分布性和公式 (2.22), SRS 下估计量 $\hat{\theta}_{\text{MLE,SRS}}$ 的方差为

$$
\text{Var}(\hat{\theta}_{\text{MLE,SRS}}) = \frac{1}{n^2} \sum_{i=1}^{n} \text{Var}(T_i) = \frac{1}{n} \text{Var}(T) = \frac{\theta^2}{n}. \tag{2.33}
$$

下面计算 SRSS 下修正估计量 $\hat{\theta}_{\text{MMLE,SRSS}}$ 的方差 $\text{Var}(\hat{\theta}_{\text{MMLE,SRSS}})$. 根据公式 (2.31)、标准排序集样本单元的独立性、$T_{(i)j}$, $j = 1, 2, \cdots, k$ 的独立同分布性以及公式 (2.16), 得

$$
\text{Var}(\hat{\theta}_{\text{MMLE,SRSS}}) = \frac{16 \sum_{i=1}^{m} \sum_{j=1}^{k} (m-i+1)^2 \text{Var}(T_{(i)j})}{[mk(m+3)]^2}
$$

$$= \frac{16k \sum_{i=1}^{m} (m-i+1)^2 \mathrm{Var}(T_{(i)1})}{[mk(m+3)]^2}$$

$$= \frac{16k \sum_{i=1}^{m} (m-i+1)^2 \theta^2 \sum_{s=1}^{i} \frac{1}{(m-s+1)^2}}{[mk(m+3)]^2}$$

$$= \frac{16\theta^2}{nm(m+3)^2} \sum_{i=1}^{m} \sum_{s=1}^{i} \left(\frac{m-i+1}{m-s+1} \right)^2. \tag{2.34}$$

因为 $\hat{\theta}_{\mathrm{MMLE,SRSS}}$ 和 $\hat{\theta}_{\mathrm{MLE,SRS}}$ 都是 θ 的无偏估计量, 所以 $\hat{\theta}_{\mathrm{MMLE,SRSS}}$ 和 $\hat{\theta}_{\mathrm{MLE,SRS}}$ 的相对效率 (relative efficiency, RE) 定义为它们方差比的倒数, 即

$$\mathrm{RE}(\hat{\theta}_{\mathrm{MMLE,SRSS}}, \hat{\theta}_{\mathrm{MLE,SRS}}) = \left[\frac{\mathrm{Var}(\hat{\theta}_{\mathrm{MMLE,SRSS}})}{\mathrm{Var}(\hat{\theta}_{\mathrm{MLE,SRS}})} \right]^{-1} = \frac{\mathrm{Var}(\hat{\theta}_{\mathrm{MLE,SRS}})}{\mathrm{Var}(\hat{\theta}_{\mathrm{MMLE,SRSS}})}.$$

再将公式 (2.32) 和 (2.34) 代入上式, 整理后得

$$\mathrm{RE}(\hat{\theta}_{\mathrm{MMLE,SRSS}}, \hat{\theta}_{\mathrm{MLE,SRS}}) = \frac{m(m+3)^2}{16 \sum_{i=1}^{m} \sum_{s=1}^{i} \left(\frac{m-i+1}{m-s+1} \right)^2}. \tag{2.35}$$

由公式 (2.35) 知, $\mathrm{RE}(\hat{\theta}_{\mathrm{MMLE,SRSS}}, \hat{\theta}_{\mathrm{MLE,SRS}})$ 仅与排序小组数 m 有关.

定理 2.6 对于任意给定的排序小组数 m, 有

$$\mathrm{RE}(\hat{\theta}_{\mathrm{MMLE,SRSS}}, \hat{\theta}_{\mathrm{MLE,SRS}}) \geqslant 1.$$

证明 首先计算公式 (2.35) 的分母,

$$16 \sum_{i=1}^{m} \sum_{s=1}^{i} \left(\frac{m-i+1}{m-s+1} \right)^2 = 16 \sum_{s=1}^{m} \sum_{i=s}^{m} \left(\frac{m-i+1}{m-s+1} \right)^2$$

$$= 16 \sum_{s=1}^{m} \frac{(m-s+1)^2 + (m-s)^2 + \cdots + 1^2}{(m-s+1)^2}$$

$$= \frac{8}{3} \sum_{s=1}^{m} \frac{(m-s+1)(m-s+2)(2m-2s+3)}{(m-s+1)^2}$$

$$= \frac{8}{3} \sum_{s=1}^{m} \frac{(m-s+2)(2m-2s+3)}{m-s+1}$$

$$= \frac{8}{3} \sum_{l=1}^{m} \frac{(l+1)(2l+1)}{l} \quad (\diamondsuit \, l = m-s+1)$$

$$= \frac{8}{3} \sum_{l=1}^{m} \frac{2l^2 + 3l + 1}{l}$$

$$= \frac{8}{3} \sum_{l=1}^{m} \left(2l + 3 + \frac{1}{l} \right)$$

$$= \frac{8(m^2 + 4m)}{3} + \frac{8}{3} \sum_{l=1}^{m} \frac{1}{l}. \qquad (2.36)$$

显然,

$$\sum_{l=1}^{m} \frac{1}{l} = 1 + \frac{1}{2} + \cdots + \frac{1}{m} \leqslant m. \qquad (2.37)$$

将公式 (2.37) 代入公式 (2.36), 得

$$\sum_{i=1}^{m} \sum_{s=1}^{i} \left(\frac{m-i+1}{m-s+1} \right)^2 \leqslant \frac{8(m^2 + 5m)}{3}.$$

从而只需证明

$$\frac{8(m^2 + 5m)}{3} \leqslant m(m+3)^2. \qquad (2.38)$$

对于任意给定的 m,

$$m(m+3)^2 - \frac{8(m^2 + 5m)}{3} = \frac{1}{3}m(3m^2 + 10m - 13)$$

$$= \frac{1}{3}m(m-1)(3m+13) \geqslant 0.$$

于是公式 (2.38) 成立.　　　　　　　　　　　　　　　　　　　　　证毕

由定理 2.6 的证明过程可知: 当 $m=1$ 时, $\mathrm{RE}(\hat{\theta}_{\mathrm{MMLE,SRSS}}, \hat{\theta}_{\mathrm{MLE,SRS}}) = 1$; 当 $m \geqslant 2$ 时, $\mathrm{RE}(\hat{\theta}_{\mathrm{MMLE,SRSS}}, \hat{\theta}_{\mathrm{MLE,SRS}}) > 1$, 即估计量 $\hat{\theta}_{\mathrm{MMLE,SRSS}}$ 的估计效率高于估计量 $\hat{\theta}_{\mathrm{MLE,SRS}}$.

表 2.2 给出了当 $m = 2(1)10$ 时 $\mathrm{RE}(\hat{\theta}_{\mathrm{MMLE,SRSS}}, \hat{\theta}_{\mathrm{MLE,SRS}})$ 的取值. 从表中我们可以得到以下结论:

(i) 对于任意给定的 m, $\hat{\theta}_{\mathrm{MMLE,SRSS}}$ 的估计效率一致高于 $\hat{\theta}_{\mathrm{MLE,SRS}}$, 例如当 $m = 6$ 时, 估计量 $\hat{\theta}_{\mathrm{MLE,SRS}}$ 的估计效率大约是估计量 $\hat{\theta}_{\mathrm{MLE,SRS}}$ 的 2.92 倍;

(ii) 随着 m 的增大, $\hat{\theta}_{\mathrm{MMLE,SRSS}}$ 相对于 $\hat{\theta}_{\mathrm{MLE,SRS}}$ 的优势越明显;

(iii) 通过表 2.1 和表 2.2 的对比, SRSS 下修正 MLE 的估计效率只是略低于

SRSS 下 MLE 的估计效率.

表 2.2 估计量 $\hat{\theta}_{\text{MMLE,SRSS}}$ 与 $\hat{\theta}_{\text{MLE,SRS}}$ 的相对效率

m	RE$(\hat{\theta}_{\text{MMLE,SRSS}}, \hat{\theta}_{\text{MLE,SRS}})$	m	RE$(\hat{\theta}_{\text{MMLE,SRSS}}, \hat{\theta}_{\text{MLE,SRS}})$	m	RE$(\hat{\theta}_{\text{MMLE,SRSS}}, \hat{\theta}_{\text{MLE,SRS}})$
2	1.3889	5	2.5379	8	3.6771
3	1.7737	6	2.9183	9	4.0558
4	2.1565	7	3.2980	10	4.4330

2.3.4 模拟相对效率

为了更详细地比较 $\hat{\theta}_{\text{MMLE,SRSS}}$ 和 $\hat{\theta}_{\text{MLE,SRS}}$ 的估计效率, 我们进行了计算机模拟, 模拟次数为 10000 次. 对于指数参数 θ, 一个估计量 $\hat{\theta}$ 的偏差和均方误差 (mean square error, MSE) 分别定义为

$$B(\hat{\theta}) = \frac{1}{10000} \sum_{i=1}^{10000} (\hat{\theta}_i - \theta),$$

$$\text{MSE}(\hat{\theta}) = \frac{1}{10000} \sum_{i=1}^{10000} (\hat{\theta}_i - \theta)^2,$$

其中 $\hat{\theta}_i$ 表示第 i 次模拟估计值.

SRSS 下修正估计量 $\hat{\theta}_{\text{MMLE,SRSS}}$ 和 SRS 下估计量 $\hat{\theta}_{\text{MLE,SRS}}$ 的模拟相对效率 (simulation relative efficiency, SRE) 定义为它们均方误差比的倒数, 即

$$\text{SRE}(\hat{\theta}_{\text{MMLE,SRSS}}, \hat{\theta}_{\text{MLE,SRS}}) = \left[\frac{\text{MSE}(\hat{\theta}_{\text{MMLE,SRSS}})}{\text{MSE}(\hat{\theta}_{\text{MLE,SRS}})} \right]^{-1} = \frac{\text{MSE}(\hat{\theta}_{\text{MLE,SRS}})}{\text{MSE}(\hat{\theta}_{\text{MMLE,SRSS}})}.$$

表 2.3 给出了当循环次数 $k = 10$、排序小组数 $m = 2(1)10$ 和参数 $\theta = 0.5, 1, 2$ 时, $\hat{\theta}_{\text{MMLE,SRSS}}$ 和 $\hat{\theta}_{\text{MLE,SRS}}$ 的偏差、均方误差和模拟相对效率. 从表中可以看出:

(i) 对于任意给定的 m 和 θ, $\left| B(\hat{\theta}_{\text{MMLE,SRSS}}) \right|$ 和 $\left| B(\hat{\theta}_{\text{MLE,SRS}}) \right|$ 都非常小, 并且 $\text{SRE}(\hat{\theta}_{\text{MMLE,SRSS}}, \hat{\theta}_{\text{MLE,SRS}}) > 1$, 这些说明 $\hat{\theta}_{\text{MMLE,SRSS}}$ 一致优于 $\hat{\theta}_{\text{MLE,SRS}}$. 例如, 当 $m = 6$ 和 $\theta = 2$ 时, $\hat{\theta}_{\text{MMLE,SRSS}}$ 的估计效率大约是 $\hat{\theta}_{\text{MLE,SRS}}$ 的 2.80 倍.

(ii) 对于任意给定的 θ, 估计量 $\hat{\theta}_{\text{MMLE,SRSS}}$ 和 $\hat{\theta}_{\text{MLE,SRS}}$ 的均方误差都是随着 m 的增加而减小, 而 $\text{SRE}(\hat{\theta}_{\text{MMLE,SRSS}}, \hat{\theta}_{\text{MLE,SRS}})$ 随着 m 的增加而增大, 这说明随着 m 的增加, $\hat{\theta}_{\text{MMLE,SRSS}}$ 相对于 $\hat{\theta}_{\text{MLE,SRS}}$ 的优势越明显.

(iii) 对于任意给定的 m, 估计量 $\hat{\theta}_{\text{MMLE,SRSS}}$ 和 $\hat{\theta}_{\text{MLE,SRS}}$ 的均方误差都是随着 θ 的增加而增大.

表 2.3　估计量 $\hat{\theta}_{\mathrm{MMLE,SRSS}}$ 和 $\hat{\theta}_{\mathrm{MLE,SRS}}$ 的偏差、均方误差和模拟相对效率

m	θ	$B(\hat{\theta}_{\mathrm{MLE,SRS}})$	$B(\hat{\theta}_{\mathrm{MMLE,SRSS}})$	$\mathrm{MSE}(\hat{\theta}_{\mathrm{MLE,SRS}})$	$\mathrm{MSE}(\hat{\theta}_{\mathrm{MMLE,SRSS}})$	$\mathrm{SRE}(\hat{\theta}_{\mathrm{MMLE,SRSS}}, \hat{\theta}_{\mathrm{MLE,SRS}})$
2	0.5	0.0005	−0.0008	0.0132	0.0091	1.4545
	1	0.0012	0.0004	0.0503	0.0356	1.4127
	2	−0.0027	−0.0012	0.2085	0.1408	1.4813
3	0.5	−0.0025	0.0008	0.0081	0.0046	1.7473
	1	−0.0039	0.0023	0.0322	0.0191	1.6884
	2	0.0022	−0.0018	0.1349	0.0741	1.8208
4	0.5	−0.0018	−0.0004	0.0062	0.0029	2.1452
	1	0.0046	−0.0004	0.0251	0.0112	2.2422
	2	−0.0007	−0.0006	0.1003	0.0467	2.1479
5	0.5	−0.0026	0.0008	0.0049	0.0020	2.4985
	1	−0.0015	0.0002	0.0200	0.0079	2.5492
	2	−0.0047	−0.0007	0.0783	0.0316	2.4757
6	0.5	−0.0025	0.0003	0.0041	0.0013	3.1171
	1	−0.0014	0.0008	0.0171	0.0058	2.9689
	2	0.0039	−0.0021	0.0662	0.0237	2.7970
7	0.5	−0.0008	−0.0002	0.0036	0.0011	3.3426
	1	0.0034	−0.0000	0.0138	0.0041	3.3711
	2	0.0036	−0.0005	0.0564	0.0172	3.2832
8	0.5	0.0017	0.0003	0.0031	0.0009	3.6869
	1	0.0004	−0.0008	0.0126	0.0034	3.7219
	2	−0.0026	0.0001	0.0503	0.0139	3.5991
9	0.5	−0.0027	0.0004	0.0028	0.0007	4.1819
	1	0.0015	−0.0007	0.0114	0.0028	4.0779
	2	0.0030	−0.0012	0.0455	0.0110	4.1260
10	0.5	0.0005	−0.0000	0.0025	0.0006	4.5093
	1	−0.0013	0.0004	0.0100	0.0023	4.3622
	2	−0.0022	−0.0010	0.0415	0.0090	4.6142

2.4 参数的最优线性无偏估计

2.4.1 最优线性无偏估计量

令 $T_{(i)j}$, $i = 1,\ 2,\ \cdots,\ m; j = 1,\ 2,\ \cdots,\ k$ 是抽自总体 T 的标准排序集样本, 样本量为 $n = mk$. 根据 SRSS 方法的抽样过程, $T_{(i)j}$ 可看成总体 T 的样本量为 m 的简单随机样本的第 i 次序统计量的第 j 次观察. 对于任意给的 $i(i = 1,\ 2,\ \cdots,\ m)$ 和 $j(j = 1,\ 2,\ \cdots,\ k)$, 根据引理 2.2, 有

$$E[T_{(i)j}] = \theta \sum_{s=1}^{i} \frac{1}{m - s + 1}$$

和

$$\mathrm{Var}[T_{(i)j}] = \theta^2 \sum_{s=1}^{i} \frac{1}{(m - s + 1)^2}.$$

令

$$\alpha_i = E\left[\frac{T_{(i)j}}{\theta}\right] = \sum_{s=1}^{i} \frac{1}{m - s + 1}, \tag{2.39}$$

$$d_i = \mathrm{Var}\left[\frac{T_{(i)j}}{\theta}\right] = \sum_{s=1}^{i} \frac{1}{(m - s + 1)^2}, \quad i = 1,\ 2,\ \cdots,\ m. \tag{2.40}$$

这样, 我们可以用线性回归模型的形式表示 $T_{(i)j}$, 如下所示:

$$T_{(i)j} = \theta\alpha_i + \varepsilon_{ij}, \quad i = 1,\ 2,\ \cdots,\ m; \quad j = 1,\ 2,\ \cdots,\ k,$$

其中 ε_{ij}, $i = 1,\ 2,\ \cdots,\ m; j = 1,\ 2,\ \cdots,\ k$ 是相互独立的随机变量, 并且满足

$$E(\varepsilon_{ij}) = 0$$

和

$$\mathrm{Var}(\varepsilon_{ij}) = \theta^2 d_i.$$

令

$$\boldsymbol{T}_{m,k} = (T_{(1)1},\ \cdots,\ T_{(1)k},\ \cdots,\ T_{(m)1},\ \cdots,\ T_{(m)k})^{\mathrm{T}}, \tag{2.41}$$

$$\boldsymbol{\alpha} = (\alpha_1 \boldsymbol{I}_k^{\mathrm{T}},\ \cdots,\ \alpha_m \boldsymbol{I}_k^{\mathrm{T}}), \tag{2.42}$$

$$\boldsymbol{D} = \begin{bmatrix} d_1 \boldsymbol{E}_k & & \\ & \ddots & \\ & & d_m \boldsymbol{E}_k \end{bmatrix}, \tag{2.43}$$

其中 $\boldsymbol{I}_k$ 是分量均为 1 的 k 维列向量, $\boldsymbol{E}_k$ 是 $k \times k$ 的单位矩阵.

根据线性回归分析理论[14], SRSS 下参数 θ 的 BLUE 为

$$\hat{\theta}_{\mathrm{BLUE,SRSS}} = (\boldsymbol{\alpha}^{\mathrm{T}} \boldsymbol{D}^{-1} \boldsymbol{\alpha})^{-1} \boldsymbol{\alpha}^{\mathrm{T}} \boldsymbol{D}^{-1} \boldsymbol{X}_{m,k}, \tag{2.44}$$

$\hat{\theta}_{\mathrm{BLUE,SRSS}}$ 的方差为

$$\mathrm{Var}(\hat{\theta}_{\mathrm{BLUE,SRSS}}) = \theta^2 (\boldsymbol{\alpha}^{\mathrm{T}} \boldsymbol{D}^{-1} \boldsymbol{\alpha})^{-1}. \tag{2.45}$$

将公式 (2.39)~(2.43) 代入公式 (2.44) 和 (2.45), 并加以整理, 我们得到

$$\hat{\theta}_{\mathrm{BLUE,SRSS}} = \frac{\displaystyle\sum_{i=1}^{m}\sum_{j=1}^{k}(\alpha_i/d_i)\,T_{(i)j}}{k\displaystyle\sum_{i=1}^{m}\alpha_i^2/d_i} = \frac{\displaystyle\sum_{i=1}^{m}\sum_{j=1}^{k}\frac{T_{(i)j}\displaystyle\sum_{s=1}^{i}(m-s+1)^{-1}}{\displaystyle\sum_{s=1}^{i}(m-s+1)^{-2}}}{k\displaystyle\sum_{i=1}^{m}\frac{\left[\displaystyle\sum_{s=1}^{i}(m-s+1)^{-1}\right]^2}{\displaystyle\sum_{s=1}^{i}(m-s+1)^{-2}}}$$

和

$$\mathrm{Var}[\hat{\theta}_{\mathrm{BLUE,SRSS}}] = \frac{\theta^2}{k\displaystyle\sum_{i=1}^{m}\alpha_i^2/d_i} = \frac{\theta^2}{k\displaystyle\sum_{i=1}^{m}\frac{\left[\displaystyle\sum_{s=1}^{i}(m-s+1)^{-1}\right]^2}{\displaystyle\sum_{s=1}^{i}(m-s+1)^{-2}}}. \tag{2.46}$$

2.4.2　相对效率

令 T_1, T_2, $\cdots$, T_n 为抽自 T 的简单随机样本. 由茆诗松等[15] 知, SRS 下参数 θ 的 MLE 就是参数 θ 的一致最小方差无偏估计量 (uniformly minimum variance unbiased estimator, UMVUE), 即

$$\hat{\theta}_{\mathrm{UMVUE,SRS}} = \hat{\theta}_{\mathrm{MLE,SRS}} = \bar{T} = \frac{1}{n}\sum_{i=1}^{n}T_i.$$

$\hat{\theta}_{\mathrm{UMVUE,SRS}}$ 的数学期望和方差分别为

$$E(\hat{\theta}_{\mathrm{UMVUE,SRS}}) = \frac{1}{n}\sum_{i=1}^{n}E(T_i) = \theta$$

和

$$\mathrm{Var}(\hat{\theta}_{\mathrm{UMVUE,SRS}}) = \frac{1}{n^2} \sum_{i=1}^{n} \mathrm{Var}(T_i) = \frac{\theta^2}{n}. \tag{2.47}$$

因为 $\hat{\theta}_{\mathrm{BLUE,SRSS}}$ 和 $\hat{\theta}_{\mathrm{UMVUE,SRS}}$ 都是 θ 的无偏估计量, 所以 $\hat{\theta}_{\mathrm{BLUE,SRSS}}$ 和 $\hat{\theta}_{\mathrm{UMVUE,SRS}}$ 的相对效率 (简记为 RE) 定义为它们方差比的倒数, 即

$$\mathrm{RE}(\hat{\theta}_{\mathrm{BLUE,SRSS}}, \hat{\theta}_{\mathrm{UMVUE,SRS}}) = \left[\frac{\mathrm{Var}(\hat{\theta}_{\mathrm{BLUE,SRSS}})}{\mathrm{Var}(\hat{\theta}_{\mathrm{UMVUE,SRS}})} \right]^{-1} = \frac{\mathrm{Var}(\hat{\theta}_{\mathrm{UMVUE,SRS}})}{\mathrm{Var}(\hat{\theta}_{\mathrm{BLUE,SRSS}})}.$$

将公式 (2.46) 和 (2.47) 代入上式, 整理后得

$$\mathrm{RE}(\hat{\theta}_{\mathrm{BLUE,SRSS}}, \hat{\theta}_{\mathrm{UMVUE,SRS}}) = \frac{1}{m} \sum_{i=1}^{m} \frac{\left[\displaystyle\sum_{s=1}^{i} (m-s+1)^{-1} \right]^2}{\displaystyle\sum_{s=1}^{i} (m-s+1)^{-2}}. \tag{2.48}$$

由公式 (2.48) 知, $\mathrm{RE}(\hat{\theta}_{\mathrm{BLUE,SRSS}}, \hat{\theta}_{\mathrm{UMVUE,SRS}})$ 仅与排序小组数 m 有关.

下面定理证明了 $\hat{\theta}_{\mathrm{BLUE,SRSS}}$ 的估计效率高于 $\hat{\theta}_{\mathrm{UMVUE,SRS}}$.

定理 2.7 对于任意给定的排序小组数 m, 有

$$\mathrm{RE}(\hat{\theta}_{\mathrm{BLUE,SRSS}}, \hat{\theta}_{\mathrm{UMVUE,SRS}}) \geqslant 1.$$

证明 对于任给的 $i(i=1, 2, \cdots, m)$, 显然有

$$\left[\sum_{s=1}^{i} (m-s+1)^{-1} \right]^2 \geqslant \sum_{s=1}^{i} (m-s+1)^{-2}.$$

于是

$$\frac{\left[\displaystyle\sum_{s=1}^{i} (m-s+1)^{-1} \right]^2}{\displaystyle\sum_{s=1}^{i} (m-s+1)^{-2}} \geqslant 1, \quad i=1, 2, \cdots, m.$$

因此

$$\frac{1}{m} \sum_{i=1}^{m} \frac{\left[\displaystyle\sum_{s=1}^{i} (m-s+1)^{-1} \right]^2}{\displaystyle\sum_{s=1}^{i} (m-s+1)^{-2}} \geqslant 1.$$

再根据公式 (2.48), 定理即可得证.　　　　　　　　　　　　　　　　　　　　　证毕

由定理 2.5 知, SRSS 下修正估计量 $\hat{\theta}_{\text{MMLE,SRSS}}$ 是参数 θ 的无偏估计量. 这样, $\hat{\theta}_{\text{BLUE,SRSS}}$ 和 $\hat{\theta}_{\text{MMLE,SRSS}}$ 的相对效率定义为它们方差比的倒数, 即

$$\text{RE}(\hat{\theta}_{\text{BLUE,SRSS}}, \hat{\theta}_{\text{MMLE,SRSS}}) = \left[\frac{\text{Var}(\hat{\theta}_{\text{BLUE,SRSS}})}{\text{Var}(\hat{\theta}_{\text{MMLE,SRSS}})} \right]^{-1} = \frac{\text{Var}(\hat{\theta}_{\text{MMLE,SRSS}})}{\text{Var}(\hat{\theta}_{\text{BLUE,SRSS}})}.$$

将公式 (2.46) 和 (2.34) 代入上式, 整理后得

$$\text{RE}(\hat{\theta}_{\text{BLUE,SRSS}}, \hat{\theta}_{\text{MMLE,SRSS}})$$

$$= \frac{16 \sum\limits_{i=1}^{m} \sum\limits_{s=1}^{i} \left(\frac{m-i+1}{m-s+1} \right)^2}{m^2(m+3)^2} \times \sum\limits_{i=1}^{m} \frac{\left[\sum\limits_{s=1}^{i} (m-s+1)^{-1} \right]^2}{\sum\limits_{s=1}^{i} (m-s+1)^{-2}}. \tag{2.49}$$

由公式 (2.49) 知, $\text{RE}(\hat{\theta}_{\text{BLUE,SRSS}}, \hat{\theta}_{\text{MMLE,SRSS}})$ 也仅与排序小组数 m 有关.

表 2.4 给出了当 $m=2(1)10$ 时, $\text{RE}(\hat{\theta}_{\text{BLUE,SRSS}}, \hat{\theta}_{\text{UMVUE,SRS}})$ 和 $\text{RE}(\hat{\theta}_{\text{BLUE,SRSS}}, \hat{\theta}_{\text{MMLE,SRSS}})$ 的取值. 从表中可以看出:

(i) 对于任意给定的排序小组数 m, $\text{RE}(\hat{\theta}_{\text{BLUE,SRSS}}, \hat{\theta}_{\text{UMVUE,SRS}}) > 1$, 并且 $\text{RE}(\hat{\theta}_{\text{BLUE,SRSS}}, \hat{\theta}_{\text{MMLE,SRSS}}) > 1$, 这说明估计量 $\hat{\theta}_{\text{BLUE,SRSS}}$ 的估计效率不仅高于 $\hat{\theta}_{\text{UMVUE,SRS}}$, 也高于 $\hat{\theta}_{\text{MMLE,SRSS}}$;

(ii) $\text{RE}(\hat{\theta}_{\text{BLUE,SRSS}}, \hat{\theta}_{\text{UMVUE,SRS}})$ 和 $\text{RE}(\hat{\theta}_{\text{BLUE,SRSS}}, \hat{\theta}_{\text{MMLE,SRSS}})$ 的值都是随着 m 的增加而增大的;

(iii) $\hat{\theta}_{\text{BLUE,SRSS}}$ 的估计效率明显高于 $\hat{\theta}_{\text{UMVUE,SRS}}$, 而 $\hat{\theta}_{\text{BLUE,SRSS}}$ 相对于 $\hat{\theta}_{\text{MMLE,SRSS}}$ 的优势不太明显, 例如当 $m = 8$ 时, $\hat{\theta}_{\text{BLUE,SRSS}}$ 的估计效率大约是 $\hat{\theta}_{\text{UMVUE,SRS}}$ 的 3.79 倍, 而仅是 $\hat{\theta}_{\text{MMLE,SRSS}}$ 的 1.03 倍.

表 2.4　估计量 $\hat{\theta}_{\text{BLUE,SRSS}}$ 与 $\hat{\theta}_{\text{UMVUE,SRS}}$ 和 $\hat{\theta}_{\text{MMLE,SRSS}}$ 的相对效率

m	$\text{RE}(\hat{\theta}_{\text{BLUE,SRSS}}, \hat{\theta}_{\text{UMVUE,SRS}})$	$\text{RE}(\hat{\theta}_{\text{BLUE,SRSS}}, \hat{\theta}_{\text{MMLE,SRSS}})$
2	1.4000	1.0080
3	1.7975	1.0134
4	2.1948	1.0178
5	2.5926	1.0215
6	2.9908	1.0248
7	3.3896	1.0278
8	3.7888	1.0304
9	4.1884	1.0327
10	4.5884	1.0348

参 考 文 献

[1] 曹晋华, 程侃. 可靠性数学引论. 北京: 科学出版社, 2006.

[2] Bhoj D S. New ranked set sampling for one-parameter family of distributions. Biometrical Journal, 2000, 42(5): 647-658.

[3] Zheng G, Al-Saleh M F. Modified maximum likelihood estimators based on ranked set samples. Annals of the Institute of Statistical Mathematics, 2002, 54(3): 641-658.

[4] Chacko M, Thomas P Y. Estimation of a parameter of Morgenstern type bivariate exponential distribution by ranked set sampling. Annals of the Institute of Statistical Mathematics, 2008, 60(2): 301-318.

[5] Shadid M R, Raqab M Z, Al-Omari A I. Modified BLUEs and BLIEs of the location and scale parameters and the population mean using ranked set sampling. Journal of Statistical Computation and Simulation, 2011, 81(3): 261-274.

[6] 吴茗. 非简单随机抽样下的一些统计推断问题. 华中师范大学博士学位论文, 2011.

[7] 董晓芳, 张良勇. 排序集抽样下指数分布的产品可靠度研究. 运筹与管理, 2020, 29(7): 99-104.

[8] Chacko M. Bayesian estimation based on ranked set sample from Morgenstern type bivariate exponential distribution when ranking is imperfect. Metrika, 2017, 80(3): 333-349.

[9] Chen W X, Tian Y , Xie M Y . Maximum likelihood estimator of the parameter for a continuous one-parameter exponential family under the optimal ranked set sampling. Journal of Systems Science & Complexity, 2017, 30(6): 1350-1363.

[10] Sarikavanij S, Kasala S, Sinha B K, et al. Estimation of location and scale parameters in two-parameter exponential distribution based on ranked set sample. Communications in Statistics-Simulation and Computation, 2014, 43(1): 132-141.

[11] Gogah F, Al-Nasser A D. Median ranked acceptance sampling plans for exponential distribution. Afrika Matematika, 2018, 29(3-4): 477-497.

[12] Chen W X, Xie M Y, Wu M. Modified maximum likelihood estimator of scale parameter using moving extremes ranked set sampling. Communications in Statistics-Simulation and Computation, 2016, 45(6): 2232-2240.

[13] McIntyre G A. A method for unbiased selective sampling using ranked sets. Australian Journal of Agricultural Research, 1952, 3: 385-390.

[14] Chen Z H, Bai Z D, Sinha B K. Ranked Set Sampling: Theory and Application. New York: Springer, 2004.

[15] 茆诗松, 王静龙, 濮晓龙. 高等数理统计. 北京: 高等教育出版社, 2006.

[16] Stokes L. Parametric ranked set sampling. Annals of the Institute of Statistical Mathematics, 1995, 47(3): 465-482.

[17] Chen Z H. The efficiency of ranked set sampling relative to simple random sampling under multi-parameter families. Statistica Sinica, 2000, 10(1): 247-263.

[18] Mehrotra K G, Nanda P. Unbiased estimator of parameter by order statistics in the case of censored samples. Biometrika, 1974, 61(3): 601-606.

[19] Muttlak H A, Abu-Dayyeh W A, Saleh M F, et al. Estimating $P(Y < X)$ using ranked set sampling in case of the exponential distribution. Communications in Statistics-Theory and Methods, 2010, 39(10): 1855-1868.

第3章　标准排序集抽样下指数分布的产品可靠度估计

产品可靠度是描述产品可靠性的重要度量指标[1,2]. 若产品寿命 T 服从参数为 θ 的指数分布, t_0 表示规定的时间, 则 T 的可靠度为

$$R(t_0) = P(T > t_0) = \mathrm{e}^{-\frac{t_0}{\theta}}, \quad \theta > 0, \quad t \geqslant 0, \tag{3.1}$$

其中 θ 为未知参数.

近年来, 一些学者利用标准排序集样本, 研究了指数分布可靠度 $R(t_0)$ 的估计问题. El-Neweihi 和 Sinha[3] 首次指出标准排序集样本中 $T_{(i)j}$ 可看作可靠性工程中表决系统 $i/m(F)$ 的寿命时间, 并利用此关系构造了 SRSS 下 $R(t_0)$ 的无偏估计量. Ghitany[4] 进一步证明了文献 [3] 的 SRSS 无偏估计量一致优于 SRS 下相应估计量, 但通过举例指出文献 [3] 中最优估计量的方差并不是最小的. Sinha[5] 利用 SRSS 样本的次序统计量构造了 $R(t_0)$ 的无偏估计量, 并分析了其统计性质. Mahdizadeh 和 Zamanzade[6,7] 提出了基于多级 SRSS 方法的产品可靠度的非参数估计量, 结果表明新估计量是无偏的, 并且新估计量的估计效率随着级数的增加而增加. 文献 [3~7] 通过比较 SRSS 下估计量与 SRS 下相应估计量的估计效率, 证明了 SRSS 方法的高效率性. 但是, 这些文献都是采用标准排序集样本的经验函数来构造可靠度 $R(t_0)$ 的估计量. 我们知道当总体分布已知时, MLE 是寻求点估计的最重要方法, 应用很广[8]. 针对指数分布可靠度的估计问题, 董晓芳和张良勇[9] 研究了基于 SRSS 方法的 MLE 及其修正估计.

本章利用 SRSS 样本, 研究指数分布产品可靠度 $R(t_0)$ 的 MLE 及其修正估计量, 分析它们的统计性质, 并分别与 SRS 下 MLE 进行估计效率的比较.

3.1　产品可靠度的极大似然估计

3.1.1　极大似然估计量

令 $T_{(i)j}$, $i = 1, 2, \cdots, m; j = 1, 2, \cdots, k$ 是抽自指数分布 T 的标准排序集样本, 样本量 $n = mk$. 由 2.2 节知, $\hat{\theta}_{\mathrm{MLE,SRSS}}$ 表示 SRSS 下指数分布参数 θ 的

MLE. 根据公式 (3.1) 和 MLE 的不变性, SRSS 下 $R(t_0)$ 的 MLE 为

$$\hat{R}_{\text{MLE,SRSS}}(t_0) = e^{-\frac{t_0}{\hat{\theta}_{\text{MLE,SRSS}}}}.$$　　　　　(3.2)

下面定理证明了 $\hat{R}_{\text{MLE,SRSS}}(t_0)$ 的存在性和唯一性.

定理 3.1　对于任意给定的排序小组数 m、循环次数 k 和规定时间 t_0, 有 $\hat{R}_{\text{MLE,SRSS}}(t_0)$ 存在且唯一.

证明　根据定理 2.1, 对于任意给定的 m 和 k, $\hat{\theta}_{\text{MLE,SRSS}}$ 存在且唯一. 再由公式 (3.2) 知, 对于任意给定的 t_0, $\hat{R}_{\text{MLE,SRSS}}(t_0)$ 存在且唯一.　　　　　证毕

3.1.2　相合性和渐近正态性

令 $\hat{\theta}_{\text{MLE}}$ 表示 SRS 或 SRSS 下 θ 的 MLE, $I^{-1}(\theta)$ 表示相应的 Fisher 信息. 根据文献 [10] 中定理 3.8 的推论, 我们可以得到下面的引理.

引理 3.1　若 $\phi = \phi(\theta)$ 是 θ 的一个可导函数, 则 $\phi(\hat{\theta}_{\text{MLE}})$ 关于 $\phi(\theta)$ 具有强相合性和渐近正态性, 且其渐近方差为 $I^{-1}(\theta) \left[d\phi(\theta)/d\theta \right]^2$.

下面的定理证明了 $\hat{R}_{\text{MLE,SRSS}}(t_0)$ 的强相合性和渐近正态性, 并且给出了 $\sqrt{n}\hat{R}_{\text{MLE,SRSS}}(t_0)$ 的渐近方差.

定理 3.2　对于任意给定的排序小组数 m 和规定时间 t_0, 有

(1) 以概率 1,

$$\lim_{n \to \infty} \hat{R}_{\text{MLE,SRSS}}(t_0) = R(t_0);$$

(2) 当 $n \to \infty (k \to \infty)$ 时,

$$\sqrt{n} \left[\hat{R}_{\text{MLE,SRSS}}(t_0) - R(t_0) \right] \xrightarrow{L} N\left(0, \sigma^2_{\text{MLE,SRSS}}(R(t_0)) \right),$$

其中,

$$\sigma^2_{\text{MLE,SRSS}}(R(t_0)) = \frac{t_0^2}{\theta^2 e^{2t_0/\theta} \left[1 + 0.4041(m-1) \right]}.$$　　　　　(3.3)

证明　对于给定的 t_0, 由公式 (3.1) 知, $R(t_0)$ 是 θ 的可导函数, 且

$$\frac{dR(t_0)}{d\theta} = \frac{t_0}{e^{t_0/\theta} \theta^2}.$$　　　　　(3.4)

再根据引理 3.1 和公式 (3.4), 可得 $\hat{R}_{\text{MLE,SRSS}}(t_0)$ 关于 $R(t_0)$ 具有相合性和渐近正态性, 且 $\sqrt{n}\hat{R}_{\text{MLE,SRSS}}(t_0)$ 的渐近方差为

$$\sigma^2_{\text{MLE,SRSS}}(R(t_0)) = \left[\frac{dR(t_0)}{d\theta} \right]^2 \times \frac{n}{I_{\text{SRSS}}(\theta)}$$

$$= \left(\frac{t_0}{e^{t_0/\theta} \theta^2} \right)^2 \times \frac{n}{\frac{n}{\theta^2} \left[1 + 0.4041(m-1) \right]}$$

$$= \frac{t_0^2}{\theta^2 \mathrm{e}^{2t_0/\theta}\left[1 + 0.4041(m-1)\right]},$$

其中 $I_{\mathrm{SRSS}}(\theta)$ 表示基于标准排序集样本的 Fisher 信息, 其具体计算公式见 (2.20).

证毕

3.1.3 渐近相对效率

令 T_1, T_2, $\cdots$, T_n 为抽自指数分布 T 的简单随机样本, 由 2.2 节知, SRS 下指数参数 θ 的 MLE 为 $\hat{\theta}_{\mathrm{MLE,SRS}} = \bar{T}$, 其中 $\bar{T} = \sum\limits_{i=1}^{n} T_i/n$. 根据公式 (3.1) 和 MLE 的不变性, SRS 下产品可靠度 $R(t_0)$ 的 MLE 为

$$\hat{R}_{\mathrm{MLE,SRS}}(t_0) = \mathrm{e}^{-\frac{t_0}{\hat{\theta}_{\mathrm{MLE,SRS}}}} = \mathrm{e}^{-\frac{t_0}{\bar{T}}}. \tag{3.5}$$

下面的定理证明了 $\hat{R}_{\mathrm{MLE,SRS}}(t_0)$ 的强相合性和渐近正态性, 并且给出了 $\sqrt{n}\hat{R}_{\mathrm{MLE,SRS}}(t_0)$ 的渐近方差.

定理 3.3 对于给定的规定时间 t_0, 有

(1) 以概率 1,

$$\lim_{n\to\infty} \hat{R}_{\mathrm{MLE,SRS}}(t_0) = R(t_0);$$

(2) 当 $n \to \infty$ 时,

$$\sqrt{n}\left[\hat{R}_{\mathrm{MLE,SRS}}(t_0) - R(t_0)\right] \xrightarrow{L} N\left(0, \sigma_{\mathrm{MLE,SRS}}^2(R(t_0))\right),$$

其中,

$$\sigma_{\mathrm{MLE,SRS}}^2(R(t_0)) = \frac{t_0^2}{\theta^2 \mathrm{e}^{2t_0/\theta}}. \tag{3.6}$$

证明 由引理 3.1 知, $\hat{R}_{\mathrm{MLE,SRS}}(t_0)$ 关于 $R(t_0)$ 具有相合性和渐近正态性. 再根据公式 (3.4), $\sqrt{n}\hat{R}_{\mathrm{MLE,SRS}}(t_0)$ 的渐近方差为

$$\sigma_{\mathrm{MLE,SRS}}^2(R(t_0)) = \left[\frac{\mathrm{d}R(t_0)}{\mathrm{d}\theta}\right]^2 \times \frac{n}{I_{\mathrm{SRS}}(\theta)} = \theta^2\left(\frac{t_0}{\mathrm{e}^{t_0/\theta}\theta^2}\right)^2 = \frac{t_0^2}{\theta^2 \mathrm{e}^{2t_0/\theta}}.$$

其中 $I_{\mathrm{SRS}}(\theta)$ 表示基于简单随机样本的 Fisher 信息, 其具体计算公式见 (2.21). 证毕

根据定理 3.2 和定理 3.3, $\hat{R}_{\mathrm{MLE,SRSS}}(t_0)$ 与 $\hat{R}_{\mathrm{MLE,SRS}}(t_0)$ 的渐近方差分别为 $\sigma_{\mathrm{SRSS}}^2(R(t_0))/n$ 和 $\sigma_{\mathrm{SRS}}^2(R(t_0))/n$. 这样, $\hat{R}_{\mathrm{MLE,SRSS}}(t_0)$ 与 $\hat{R}_{\mathrm{MLE,SRS}}(t_0)$ 的渐近相对效率定义为它们渐近方差比的倒数, 即

$$\mathrm{ARE}(\hat{R}_{\mathrm{MLE,SRSS}}(t_0),\ \hat{R}_{\mathrm{MLE,SRS}}(t_0))$$

$$= \left[\frac{\sigma_{\mathrm{MLE,SRSS}}^2(R(t_0))/n}{\sigma_{\mathrm{MLE,SRS}}^2(R(t_0))/n}\right]^{-1} = \frac{\sigma_{\mathrm{MLE,SRS}}^2(R(t_0))}{\sigma_{\mathrm{MLE,SRSS}}^2(R(t_0))}. \tag{3.7}$$

再将公式 (3.3) 和 (3.6) 代入公式 (3.7), 整理后得

$$\mathrm{ARE}(\hat{R}_{\mathrm{MLE,SRSS}}(t_0),\ \hat{R}_{\mathrm{MLE,SRS}}(t_0)) = 1 + 0.4041(m-1). \tag{3.8}$$

由公式 (3.8) 知, $\mathrm{ARE}(\hat{R}_{\mathrm{MLE,SRSS}}(t_0),\ \hat{R}_{\mathrm{MLE,SRS}}(t_0))$ 仅与排序小组数 m 有关. 再由公式 (2.25) 知, 对于任意给定的 m,

$$\mathrm{ARE}(\hat{R}_{\mathrm{MLE,SRSS}}(t_0),\ \hat{R}_{\mathrm{MLE,SRS}}(t_0)) = \mathrm{ARE}(\hat{\theta}_{\mathrm{MLE,SRSS}},\ \hat{\theta}_{\mathrm{MLE,SRS}}).$$

表 3.1 给出了当 $m = 2(1)10$ 时 $\mathrm{ARE}(\hat{R}_{\mathrm{MLE,SRSS}}(t_0),\ \hat{R}_{\mathrm{MLE,SRS}}(t_0))$ 的取值. 从表中我们可以得到以下结论:

(i) 对于任意给定的 m, $\mathrm{ARE}(\hat{R}_{\mathrm{MLE,SRSS}}(t_0),\ \hat{R}_{\mathrm{MLE,SRS}}(t_0)) > 1$, 这说明 $\hat{R}_{\mathrm{MLE,SRSS}}(t_0)$ 的估计效率一致高于 $\hat{R}_{\mathrm{MLE,SRS}}(t_0)$. 例如, 当 $m = 8$ 时, $\hat{R}_{\mathrm{MLE,SRSS}}(t_0)$ 的估计效率是 $\hat{R}_{\mathrm{MLE,SRS}}(t_0)$ 的 3.83 倍.

(ii) $\mathrm{ARE}(\hat{R}_{\mathrm{MLE,SRSS}}(t_0), \hat{R}_{\mathrm{MLE,SRS}}(t_0))$ 的取值随着 m 的增大而增加, 这说明随着 m 的增大, $\hat{R}_{\mathrm{MLE,SRSS}}(t_0)$ 相对于 $\hat{R}_{\mathrm{MLE,SRS}}(t_0)$ 的优势越明显.

表 3.1　$\hat{R}_{\mathrm{MLE,SRSS}}(t_0)$ 与 $\hat{R}_{\mathrm{MLE,SRS}}(t_0)$ 的渐近相对效率

m	2	3	4	5	6	7	8	9	10
$\mathrm{ARE}(\hat{R}_{\mathrm{MLE,SRSS}}(t_0),$ $\hat{R}_{\mathrm{MLE,SRS}}(t_0))$	1.4041	1.8082	2.2123	2.6165	3.0206	3.4247	3.8288	4.2329	4.6370

3.2　产品可靠度的修正极大似然估计

3.2.1　修正极大似然估计量

由第 2 章知, SRSS 下参数 θ 的 MLE 没有显示表达式. 这样根据公式 (3.2), $\hat{R}_{\mathrm{MLE,SRSS}}(t_0)$ 也没有显示表达式. 令 $T_{(i)j}$, $i = 1, 2, \cdots, m$; $j = 1, 2, \cdots, k$ 是抽自指数分布 T 的标准排序集样本, 样本量为 $n = mk$. 由公式 (2.28) 知, SRSS 下参数 θ 的修正 MLE 为

$$\hat{\theta}_{\mathrm{MMLE,SRSS}} = \frac{4\displaystyle\sum_{i=1}^{m}\sum_{j=1}^{k}(m-i+1)T_{(i)j}}{mk(m+3)}.$$

这样根据公式 (3.1), 我们定义 SRSS 下指数分布产品可靠度 $R(t_0)$ 的修正 MLE 为

$$\hat{R}_{\mathrm{MMLE,SRSS}}(t_0) = \mathrm{e}^{-\frac{t_0}{\hat{\theta}_{\mathrm{MMLE,SRSS}}}}.$$

3.2.2 模拟相对效率

为了比较估计量 $\hat{R}_{\mathrm{MMLE,SRSS}}(t_0)$ 与 $\hat{R}_{\mathrm{MLE,SRS}}(t_0)$ 的估计效率, 我们进行了计算机模拟, 模拟次数为 10000 次. 对于产品可靠度 $R(t_0) = \mathrm{e}^{-t_0/\theta}$, 一个估计量 $\hat{R}(t_0)$ 的偏差和均方误差分别定义为

$$B(\hat{R}(t_0)) = \frac{1}{10000} \sum_{i=1}^{10000} [\hat{R}_i(t_0) - R(t_0)],$$

$$\mathrm{MSE}(\hat{R}(t_0)) = \frac{1}{10000} \sum_{i=1}^{10000} [\hat{R}_i(t_0) - R(t_0)]^2,$$

其中 $\hat{R}_i(t_0)$ 表示第 i 次模拟估计值.

估计量 $\hat{R}_{\mathrm{MMLE,SRSS}}(t_0)$ 与 $\hat{R}_{\mathrm{MLE,SRS}}(t_0)$ 的模拟相对效率定义为它们均方误差比的倒数, 即

$$
\begin{aligned}
\mathrm{SRE}(\hat{R}_{\mathrm{MMLE,SRSS}}(t_0),\ \hat{R}_{\mathrm{MLE,SRS}}(t_0)) &= \left[\frac{\mathrm{MSE}(\hat{R}_{\mathrm{MMLE,SRSS}}(t_0))}{\mathrm{MSE}(\hat{R}_{\mathrm{MLE,SRS}}(t_0))} \right]^{-1} \\
&= \frac{\mathrm{MSE}(\hat{R}_{\mathrm{MLE,SRS}}(t_0))}{\mathrm{MSE}(\hat{R}_{\mathrm{MMLE,SRSS}}(t_0))}.
\end{aligned}
$$

表 3.2 给出了当循环次数 $k = 10$, 排序小组数 $m = 2$, 3, 5, 8, 10, 参数 $\theta = 0.5$, 1, 2 和规定时间 $t_0 = 0.5\theta$, θ, 1.5θ, 2θ 时, 估计量 $\hat{R}_{\mathrm{MMLE,SRSS}}(t_0)$ 与 $\hat{R}_{\mathrm{MLE,SRS}}(t_0)$ 的偏差和模拟相对效率. 从表中我们可以得出以下结论:

(i) 对于任意给定的 m, θ 和 t_0, $\left| B(\hat{R}_{\mathrm{MMLE,SRSS}}(t_0)) \right|$ 和 $\left| B(\hat{R}_{\mathrm{MLE,SRS}}(t_0)) \right|$ 都非常小, 并且 $\mathrm{SRE}(\hat{R}_{\mathrm{MMLE,SRSS}}(t_0),\ \hat{R}_{\mathrm{MLE,SRS}}(t_0)) > 1$, 这些说明 $\hat{R}_{\mathrm{MMLE,SRSS}}(t_0)$ 的估计效率高于 $\hat{R}_{\mathrm{MLE,SRS}}(t_0)$;

(ii) 对于任意给定的 θ 和 t_0, $\mathrm{SRE}(\hat{R}_{\mathrm{MMLE,SRSS}}(t_0),\ \hat{R}_{\mathrm{MLE,SRS}}(t_0))$ 随着 m 的增加而增大. 这说明随着 m 的增大, $\hat{R}_{\mathrm{MLE,SRS}}(t_0)$ 相对于 $\hat{R}_{\mathrm{MLE,SRS}}(t_0)$ 的优势越明显;

(iii) 对于任意给定的 m 和 θ, $\left| B(\hat{R}_{\mathrm{MMLE,SRSS}}(t_0)) \right|$ 和 $\left| B(\hat{R}_{\mathrm{MLE,SRS}}(t_0)) \right|$ 都随着 t_0 的增加而减小.

表 3.2 估计量 $\hat{R}_{\mathrm{MMLE,SRSS}}(t_0)$ 与 $\hat{R}_{\mathrm{MLE,SRS}}(t_0)$ 的偏差和模拟相对效率

m	θ	t_0	$B(\hat{R}_{\mathrm{MLE,SRS}}(t_0))$	$B(\hat{R}_{\mathrm{MMLE,SRSS}}(t_0))$	$\mathrm{SRE}(\hat{R}_{\mathrm{MMLE,SRSS}}(t_0),\ \hat{R}_{\mathrm{MLE,SRS}}(t_0))$
2	0.5	0.5θ	-0.0116	-0.0091	1.4076
		θ	-0.0101	-0.0060	1.3300
		1.5θ	-0.0036	-0.0034	1.3384
		2θ	0.0011	0.0015	1.3348

续表

m	θ	t_0	$B(\hat{R}_{\mathrm{MLE,SRS}}(t_0))$	$B(\hat{R}_{\mathrm{MMLE,SRSS}}(t_0))$	$\mathrm{SRE}(\hat{R}_{\mathrm{MMLE,SRSS}}(t_0),\ \hat{R}_{\mathrm{MLE,SRS}}(t_0))$
	1	0.5θ	-0.0103	-0.0084	1.4733
		θ	-0.0098	-0.0070	1.3917
		1.5θ	-0.0047	-0.0034	1.3767
		2θ	-0.0010	-0.0003	1.3600
	2	0.5θ	-0.0100	-0.0083	1.4237
		θ	-0.0094	-0.0058	1.4288
		1.5θ	-0.0034	-0.0027	1.3925
		2θ	-0.0004	0.0003	1.3043
3	0.5	0.5θ	-0.0079	-0.0046	1.8532
		θ	-0.0068	-0.0033	1.7949
		1.5θ	-0.0023	-0.0022	1.7695
		2θ	-0.0003	-0.0007	1.7345
	1	0.5θ	-0.0072	-0.0040	1.7392
		θ	-0.0065	-0.0028	1.7673
		1.5θ	-0.0023	-0.0010	1.7304
		2θ	-0.0003	0.0002	1.6871
	2	0.5θ	-0.0079	-0.0045	1.8554
		θ	-0.0061	-0.0031	1.7728
		1.5θ	-0.0032	-0.0009	1.7677
		2θ	0.0004	-0.0000	1.7372
5	0.5	0.5θ	-0.0051	-0.0016	2.6801
		θ	-0.0044	-0.0017	2.4894
		1.5θ	-0.0016	-0.0005	2.4381
		2θ	-0.0001	0.0000	2.5648
	1	0.5θ	-0.0041	-0.0014	2.5649
		θ	-0.0034	-0.0014	2.4631
		1.5θ	-0.0027	-0.0019	2.4904
		2θ	-0.0001	0.0000	2.4711
	2	0.5θ	-0.0043	-0.0023	2.6285
		θ	-0.0037	-0.0016	2.4801
		1.5θ	-0.0025	-0.0004	2.5201
		2θ	0.0007	-0.0002	2.4404
8	0.5	0.5θ	-0.0028	-0.0008	3.7436
		θ	-0.0019	-0.0006	3.7148
		1.5θ	-0.0019	-0.0004	3.6274
		2θ	-0.0004	0.0003	3.4755
	1	0.5θ	-0.0034	-0.0009	3.7739
		θ	-0.0025	-0.0009	3.7393
		1.5θ	-0.0010	-0.0004	3.5510
		2θ	-0.0001	0.0000	3.6383

续表

m	θ	t_0	$B(\hat{R}_{\mathrm{MLE,SRS}}(t_0))$	$B(\hat{R}_{\mathrm{MMLE,SRSS}}(t_0))$	$\mathrm{SRE}(\hat{R}_{\mathrm{MMLE,SRSS}}(t_0),\ \hat{R}_{\mathrm{MLE,SRS}}(t_0))$
	2	0.5θ	-0.0035	-0.0004	3.8470
		θ	-0.0019	-0.0008	3.7717
		1.5θ	-0.0013	-0.0006	3.6136
		2θ	-0.0004	0.0000	3.5515
10	0.5	0.5θ	-0.0023	-0.0005	4.5489
		θ	-0.0020	-0.0006	4.4028
		1.5θ	-0.0004	-0.0001	4.2870
		2θ	-0.0002	0.0001	4.4094
	1	0.5θ	-0.0023	0.0001	4.3899
		θ	-0.0025	-0.0002	4.4222
		1.5θ	-0.0007	0.0002	4.4151
		2θ	-0.0005	-0.0003	4.3986
	2	0.5θ	-0.0021	-0.0007	4.2816
		θ	-0.0026	-0.0008	4.4174
		1.5θ	-0.0012	-0.0005	4.6396
		2θ	0.0003	-0.0001	4.3354

3.3 实例分析

本节将排序集抽样方法应用到临床医学研究中, 我们采用 Royston 等[11] 给出的医学研究委员会 RE01 转移性肾癌试验数据. RE01 试验给出了 323 名肾癌患者的缓解时间 (月), 并已证实缓解时间服从参数 $\theta = 22$ 的指数分布. 为了比较估计量 $\hat{R}_{\mathrm{MMLE,SRSS}}(t_0)$ 与 $\hat{R}_{\mathrm{MLE,SRS}}(t_0)$ 的估计效率, 我们把所有患者的缓解时间作为总体. 由于总体单元数不多, 我们取排序小组数 $m = 3, 4, 5$, 循环次数 $k = 5$, SRSS 方法和 SRS 方法都采用放回式抽样, 抽样次数为 20 次. 表 3.3 和表 3.4 分别给出了样本量 $n = 15(m = 3)$ 的一次标准排序集样本值和一次简单随机样本值.

表 3.3 标准排序集抽样下转移性肾癌患者的缓解时间　　　　(单位: 月)

i	$T_{(i)1}$	$T_{(i)2}$	$T_{(i)3}$	$T_{(i)4}$	$T_{(i)5}$
1	3.2	5.0	7.3	5.4	18.0
2	37.6	7.3	13.0	5.5	28.0
3	38.2	35.0	21.0	53.0	41.6

表 3.4 简单随机抽样下转移性肾癌患者的缓解时间　　　　(单位: 月)

i	T_i	i	T_i	i	T_i	i	T_i	i	T_i
1	15.0	4	14.5	7	38.0	10	23.1	13	4.0
2	5.1	5	6.2	8	51.0	11	7.0	14	53.0
3	6.0	6	49.0	9	45.2	12	18.5	15	26.0

表 3.5 给出了当 $m = 3$, 4, $5(n = 15, 20, 25)$ 和 $t_0 = 11$, 22, 44 时估计量 $\hat{R}_{\text{MMLE,SRSS}}(t_0)$ 和 $\hat{R}_{\text{MLE,SRS}}(t_0)$ 的偏差和均方误差. 可以看出对于给定的 m 和 t_0, $\left|B(\hat{R}_{\text{MMLE,SRSS}}(t_0))\right|$ 小于 $\left|B(\hat{R}_{\text{MLE,SRS}}(t_0))\right|$, 且 $\text{MSE}(\hat{R}_{\text{MMLE,SRSS}}(t_0))$ 小于 $\text{MSE}(\hat{R}_{\text{MLE,SRS}}(t_0))$. 另外对给定的 t_0, $\text{MSE}(\hat{R}_{\text{MLE,SRS}}(t_0))/\text{MSE}(\hat{R}_{\text{MMLE,SRSS}}(t_0))$ 随着 $m(n)$ 的增加而增大, 即 SRSS 方法相对于 SRS 方法的优势越明显. 实例分析的结果进一步验证了 SRSS 下修正估计量 $\hat{R}_{\text{MMLE,SRSS}}(t_0)$ 的估计效率高于 SRS 下估计量 $\hat{R}_{\text{MLE,SRS}}(t_0)$.

表 3.5　**转移性肾癌数据中估计量 $\hat{R}_{\text{MMLE,SRSS}}(t_0)$ 与 $\hat{R}_{\text{MLE,SRS}}(t_0)$ 的偏差和均方误差**

m	n	t_0	$B(\hat{R}_{\text{MLE,SRS}}(t_0))$	$B(\hat{R}_{\text{MMLE,SRSS}}(t_0))$	$\text{MSE}(\hat{R}_{\text{MLE,SRS}}(t_0))$	$\text{MSE}(\hat{R}_{\text{MMLE,SRSS}}(t_0))$
3	15	11	−0.0203	−0.0149	0.0072	0.0054
		22	−0.0163	−0.0120	0.0087	0.0061
		44	0.0016	−0.0008	0.0045	0.0020
4	20	11	−0.0127	−0.0111	0.0051	0.0022
		22	−0.0077	0.0073	0.0066	0.0039
		44	0.0015	−0.0005	0.0033	0.0011
5	25	11	−0.0165	−0.0096	0.0040	0.0017
		22	−0.0078	−0.0028	0.0053	0.0023
		44	0.0009	−0.0007	0.0027	0.0009

参 考 文 献

[1] 崔利荣, 赵先, 刘芳宇. 质量管理学. 北京: 中国人民大学出版社, 2012.

[2] 曹晋华, 程侃. 可靠性数学引论. 北京: 科学出版社, 2006.

[3] El-Neweihi E, Sinha B K. Reliability estimation based on ranked set sampling. Communications in Statistics-Theory and Methods, 2000, 29(7): 1583-1595.

[4] Ghitany M E. On reliability estimation based on ranked set sampling. Communications in Statistics-Theory and Methods, 2005, 34(5): 1213-1216.

[5] Sinha B K, Sengupta S, Mukhuti S. Unbiased estimation of the distribution function of an exponential population using order statistics with application in ranked set sampling. Communications in Statistics-Theory and Methods, 2006, 35(9): 1655-1670.

[6] Mahdizadeh M, Zamanzade E. Reliability estimation in multistage ranked set sampling. Statistical Journal, 2017, 15(4): 565-581.

[7] Mahdizadeh M, Zamanzade E. A new reliability measure in ranked set sampling. Statistical Papers, 2018, 59(3): 861-891.

[8] 茆诗松, 王静龙, 濮晓龙. 高等数理统计. 北京: 高等教育出版社, 2006.

[9] 董晓芳, 张良勇. 排序集抽样下指数分布的产品可靠度研究. 运筹与管理, 2020, 29(7). (已录用)

[10] Chen Z H, Bai Z D, Sinha B K. Ranked Set Sampling: Theory and Application. New York: Springer, 2004.

[11] Royston P, Parmar M K, Altman D A. Visualizing length of survival in time-to-event studies: A complement to Kaplan-Meier plots. Journal of the National Cancer, 2008, 100(16): 92-97.

第 4 章　L 排序集抽样下指数分布的系统可靠度估计

在系统可靠性中, 若 X 和 Y 分别表示应力和强度, 则 $R = P(Y < X)$ 表示系统可靠度. 如果系统施加的应力大于强度, 系统就会失效. 基于简单随机样本的系统可靠度的估计问题受到了广泛的关注, 详细信息见文献 [1].

假设总体 X 和 Y 分别服从参数为 θ 和 μ 的指数分布, X 和 Y 的概率密度函数分别为

$$f(x) = \frac{1}{\theta}\mathrm{e}^{-\frac{x}{\theta}}, \quad x \geqslant 0, \quad \theta > 0 \tag{4.1}$$

和

$$g(y) = \frac{1}{\mu}\mathrm{e}^{-\frac{y}{\mu}}, \quad y \geqslant 0, \quad \mu > 0. \tag{4.2}$$

这样, 指数分布 X 和 Y 的系统可靠度为

$$R = P(Y < X) = \int_0^\infty f(x)\left[\int_0^x g(y)\mathrm{d}y\right]\mathrm{d}x = \frac{\theta}{\theta + \mu}. \tag{4.3}$$

基于标准排序集样本的指数分布系统可靠度 R 的估计问题, 已有一些文献进行了讨论. Sengupta 和 Mukhuti[2] 考虑了 SRSS 下指数分布 R 的无偏估计量. Muttlak[3] 采用 SRSS 方法, 给出了指数分布 R 的三个估计量. Mahdizadeh 和 Zamanzade[4] 研究了 SRSS 下 R 的置信区间的构造方法, 并用蒙特卡罗方法与 SRS 方法进行了比较. Akgül 和 Senoğlu[5] 研究了 SRSS 下 Weibull 分布的估计问题, 利用 MLE 和修正的 MLE 方法, 得到了基于 SRSS 的 R 的估计, 仿真结果表明: 所提出的估计量在效率方面优于基于 SRS 方法的估计量. 随着 SRSS 方法的深入研究和广泛应用, 人们发现对于某些统计问题, 并不是所有次序统计量的信息都有用. 针对不同的统计问题, 许多非标准 RSS 方法被提出, 其中应用较多的有中位数排序集抽样方法[6~8]、极端排序集抽样方法[9~11] 和百分比排序集抽样方法[12,13]. Al-Naseer[14] 基于 L 统计量的思想, 提出了具有稳健性质的 L 排序集抽样 (L ranked set sampling, LRSS) 方法, 此方法包含了多种常用的 RSS 方法. Dong 和 Zhang[15] 研究了 LRSS 下指数分布 R 的 MLE, 并给出了具有显示表达式的修正 MLE. 另外, 文献 [16~18] 采用 LRSS 方法, 研究了未知总体的均值、分布函数等非参数估计问题, 这些文献都证明了 LRSS 方法的抽样效率高于 SRS 方法.

本章采用 LRSS 方法, 研究指数分布的系统可靠度 R 的 MLE 和修正 MLE, 分析这些新估计量的统计性质, 并分别与 SRS 下相应估计量进行估计效率的比较.

4.1 L 排序集抽样方法

LRSS 方法的主要思想是去除极端观测值, 并用下一个极值代替它们. LRSS 方法的抽样过程为:

第一步, 从总体中随机抽取大小为 m^2 的样本, 将它们随机划分为 m 组, 每组 m 个;

第二步, 利用直观感知的信息对每组样本进行由小到大的排序, 这些信息包括专家观点、视觉上的比较以及另外一些易于获得的信息, 但不包括与所推断量有关的具体测量;

第三步, 设定系数 $r = [m\alpha]$, 其中 $0 \leqslant \alpha < 0.5$, $[x]$ 表示不超过 x 的最大整数;

第四步, 从第 i 个排好次序的小组中抽出次序为 h_i, $i = 1, 2, \cdots, m$ 的样本单元, 其中

$$h_i = \begin{cases} r+1, & 1 \leqslant i \leqslant r+1, \\ i, & r+2 \leqslant i \leqslant m-r-1, \\ m-r, & m-r \leqslant i \leqslant m. \end{cases}$$

以上四步称为一次循环, 为了增大样本量, 将循环重复 k 次, 则得到样本量为 $n = mk$ 的 L 排序集样本. L 排序集样本单元之间相互独立, 因为每一个样本单元来自不同的排序小组.

LRSS 方法包含了多种常用的 RSS 方法, 例如当 $r = 0$ 时, $h_i = i$, LRSS 方法就是 SRSS 方法; 当 $r = [(m-1)/2]$ 时, LRSS 方法就是中位数 RSS 方法; 百分比 RSS 方法也是 LRSS 方法的特殊情况.

4.2 系统可靠度的极大似然估计

4.2.1 极大似然估计量

令 $X_{(h_i)c}$, $i = 1, 2, \cdots, m_x$; $c = 1, 2, \cdots, k_x$ 表示总体 X 的 L 排序集样本, 样本量为 $n_x = m_x k_x$, 其中 $X_{(h_i)c}$ 表示在总体 X 的第 c 次循环中从第 i 个排序小组选出次序为 h_i 的样本单元. 对于任意给定的排序小组数 m_x 和循环次数 k_x, $X_{(h_i)c}$ 的分布依赖于 h_i, 而与 c 无关. $T_{(i)j}$ 的概率密度函数为

$$f_{(h_i)}(x_{(h_i)c}) = m_x \binom{m_x - 1}{h_i - 1} [F(x_{(h_i)c})]^{h_i-1}[1 - F(x_{(h_i)c})]^{m_x-h_i} f(x_{(h_i)c}), \quad (4.4)$$

其中 $F(x)$ 表示 X 的分布函数, 即

$$F(x) = 1 - \mathrm{e}^{-\frac{x}{\theta}}. \quad (4.5)$$

将公式 (4.1) 和 (4.5) 代入公式 (4.4), 得

$$f_{(h_i)}(x_{(h_i)c}) = \frac{m_x}{\theta} \begin{pmatrix} m_x - 1 \\ h_i - 1 \end{pmatrix} \left(1 - e^{-x_{(h_i)c}/\theta}\right)^{h_i - 1} e^{-(m_x - h_i + 1)x_{(h_i)c}/\theta}. \quad (4.6)$$

令 $Y_{(h_j)l}$, $j = 1, 2, \cdots, m_y$; $l = 1, 2, \cdots, k_y$ 表示总体 Y 的 L 排序集样本, 样本量 $n_y = m_y k_y$, 其中 $Y_{(h_j)l}$ 表示在总体 Y 的第 l 次循环中从第 j 个排序小组选出次序为 h_j 的样本单元. 类似地, $Y_{(h_j)l}$ 的概率密度函数为

$$g_{(h_j)}(y_{(h_j)l}) = m_y \begin{pmatrix} m_y - 1 \\ h_j - 1 \end{pmatrix} [G(y_{(h_j)l})]^{h_j - 1} [1 - G(y_{(h_j)l})]^{m_y - h_j} g(y_{(h_j)l}), \quad (4.7)$$

其中 $G(y)$ 表示 Y 的分布函数, 即

$$G(y) = 1 - e^{-\frac{y}{\mu}}. \quad (4.8)$$

将公式 (4.1) 和 (4.8) 代入公式 (4.7), 得

$$g_{(h_j)}(y_{(h_j)l}) = \frac{m_y}{\mu} \begin{pmatrix} m_y - 1 \\ h_j - 1 \end{pmatrix} \left(1 - e^{-y_{(h_j)l}/\mu}\right)^{h_j - 1} e^{-(m_y - h_j + 1)y_{(h_j)l}/\mu}. \quad (4.9)$$

根据公式 (4.6) 和 (4.9), 基于 L 排序集样本 $X_{(h_i)c}$, $i = 1, 2, \cdots, m_x$; $c = 1, 2, \cdots, k_x$ 和 $Y_{(h_j)l}$, $j = 1, 2, \cdots, m_y$; $l = 1, 2, \cdots, k_y$ 的似然函数为

$$\begin{aligned}
L(\theta, \mu) &= \prod_{i=1}^{m_x} \prod_{c=1}^{k_x} f_{(h_i)}(x_{(h_i)j}) \cdot \prod_{j=1}^{m_y} \prod_{l=1}^{k_y} g_{(h_j)}(y_{(h_j)l}) \\
&= \frac{B}{\theta^{n_x} \mu^{n_y}} \prod_{i=1}^{m_x} \prod_{c=1}^{k_x} \left(1 - e^{-x_{(h_i)c}/\theta}\right)^{h_i - 1} e^{-(m_x - h_i + 1)x_{(h_i)c}/\theta} \\
&\quad \times \prod_{j=1}^{m_y} \prod_{l=1}^{k_y} \left(1 - e^{-y_{(h_j)l}/\mu}\right)^{h_j - 1} e^{-(m_y - h_j + 1)y_{(h_j)l}/\mu},
\end{aligned}$$

其中

$$B = m_x^{n_x} m_y^{n_y} \left[\prod_{i=1}^{m_x} \begin{pmatrix} m_x - 1 \\ h_i - 1 \end{pmatrix}\right]^{k_x} \left[\prod_{j=1}^{m_y} \begin{pmatrix} m_y - 1 \\ h_j - 1 \end{pmatrix}\right]^{k_y}.$$

进一步, 基于 L 排序集样本的对数似然函数为

$$\begin{aligned}
\ln L(\theta, \mu) &= \ln B - n_x \ln \theta - n_y \ln \mu \\
&\quad + \sum_{i=1}^{m_x} \sum_{c=1}^{k_x} (h_i - 1) \ln \left(1 - e^{-x_{(h_i)c}/\theta}\right) - \frac{1}{\theta} \sum_{i=1}^{m_x} \sum_{c=1}^{k_x} (m_x - h_i + 1)x_{(h_i)c}
\end{aligned}$$

$$+ \sum_{j=1}^{m_y} \sum_{l=1}^{k_y} (h_j - 1) \ln \left(1 - e^{-y_{(h_j)l}/\mu} \right) - \frac{1}{\mu} \sum_{j=1}^{m_y} \sum_{l=1}^{k_y} (m_y - h_j + 1) y_{(h_j)l}.$$

这样, LRSS 下 θ 和 μ 的似然方程分别为

$$\frac{\partial \ln L(\theta, \mu)}{\partial \theta} = \frac{1}{\theta^2} \sum_{i=1}^{m_x} \sum_{c=1}^{k_x} (m_x - h_i + 1) x_{(h_i)c} - \frac{1}{\theta^2} \sum_{i=1}^{m_x} \sum_{c=1}^{k_x} \frac{(h_i - 1) x_{(h_i)c}}{e^{x_{(h_i)c}/\theta} - 1} - \frac{n_x}{\theta} = 0$$

(4.10)

和

$$\frac{\partial \ln L(\theta, \mu)}{\partial \mu} = \frac{1}{\mu^2} \sum_{j=1}^{m_y} \sum_{l=1}^{k_y} (m_y - h_j + 1) y_{(h_j)l} - \frac{1}{\mu^2} \sum_{j=1}^{m_y} \sum_{l=1}^{k_y} \frac{(h_j - 1) y_{(h_j)l}}{e^{y_{(h_j)l}/\mu} - 1} - \frac{n_y}{\mu} = 0.$$

(4.11)

令 $\hat{\theta}_{\mathrm{MLE,LRSS}}$ 和 $\hat{\mu}_{\mathrm{MLE,LRSS}}$ 分别表示 LRSS 下 θ 和 μ 的 MLE. 根据公式 (4.3) 和 MLE 的不变性, LRSS 下系统可靠度 R 的 MLE 为

$$\hat{R}_{\mathrm{MLE,LRSS}} = \frac{\hat{\theta}_{\mathrm{MLE,LRSS}}}{\hat{\theta}_{\mathrm{MLE,LRSS}} + \hat{\mu}_{\mathrm{MLE,LRSS}}}.$$

(4.12)

下面定理证明了 $\hat{R}_{\mathrm{MLE,LRSS}}$ 的存在性和唯一性.

定理 4.1 对于任意给定的 LRSS 样本 $X_{(h_i)c}$, $i = 1, 2, \cdots, m_x$; $c = 1, 2, \cdots, k_x$ 和 $Y_{(h_j)l}$, $j = 1, 2, \cdots, m_y$; $l = 1, 2, \cdots, k_y$, $\hat{R}_{\mathrm{MLE,LRSS}}$ 存在且唯一.

证明 根据公式 (4.10), LRSS 下 θ 的似然方程可整理为

$$\frac{1}{\theta^2} \left[\sum_{i=1}^{m_x} \sum_{c=1}^{k_x} (m_x - h_i + 1) x_{(h_i)c} - \sum_{i=1}^{m_x} \sum_{c=1}^{k_x} \frac{(h_i - 1) x_{(h_i)c}}{e^{x_{(h_i)c}/\theta} - 1} - n_x \theta \right] = 0.$$

令

$$v(\theta) = \sum_{i=1}^{m_x} \sum_{c=1}^{k_x} (m_x - h_i + 1) x_{(h_i)c} - \sum_{i=1}^{m_x} \sum_{c=1}^{k_x} \frac{(h_i - 1) x_{(h_i)c}}{e^{x_{(h_i)c}/\theta} - 1} - n_x \theta = 0.$$

(4.13)

由于 $\theta > 0$, 于是 $\hat{\theta}_{\mathrm{MLE,LRSS}}$ 是公式 (4.13) 的解. 因为

$$\frac{\mathrm{d} v(\theta)}{\mathrm{d} \theta} = -\frac{1}{\theta^2} \sum_{i=1}^{m_x} \sum_{c=1}^{k_x} \frac{(h_i - 1) x_{(h_i)c}^2 e^{x_{(h_i)c}/\theta}}{(e^{x_{(h_i)c}/\theta} - 1)^2} - n_x < 0,$$

又因 $\lim\limits_{\theta \to 0^+} v(\theta) > 0$ 和 $\lim\limits_{\theta \to +\infty} v(\theta) < 0$, 所以公式 (4.13) 存在唯一解, 这表明 $\hat{\theta}_{\mathrm{MLE,LRSS}}$ 存在且唯一. 同理, $\hat{\mu}_{\mathrm{MLE,LRSS}}$ 存在且唯一. 再根据公式 (4.12), 可证出 $\hat{R}_{\mathrm{MLE,LRSS}}$ 的存在性和唯一性.   证毕

4.2.2　渐近正态性

为了获得估计量 $\hat{R}_{\mathrm{MLE,LRSS}}$ 的渐近分布, 我们首先分析 $(\hat{\theta}_{\mathrm{MLE,LRSS}},\ \hat{\mu}_{\mathrm{MLE,LRSS}})$ 的渐近分布.

令 $\boldsymbol{I}_{\mathrm{LRSS}}(\theta,\ \mu)$ 表示基于 LRSS 样本的参数 $(\theta,\ \mu)$ 的 Fisher 信息阵. 由 Chen 等[19] 可知, 指数分布的次序统计量满足定义 2.2 的所有条件, 于是 $\boldsymbol{I}_{\mathrm{LRSS}}(\theta,\ \mu)$ 存在. 根据 Fisher 信息阵的计算公式, 有

$$\boldsymbol{I}_{\mathrm{LRSS}}(\theta,\ \mu)=\begin{bmatrix}I_{11}&I_{12}\\I_{21}&I_{22}\end{bmatrix}=\begin{bmatrix}-E\left(\dfrac{\partial^2\ln L(\theta,\ \mu)}{\partial\theta^2}\right)&-E\left(\dfrac{\partial^2\ln L(\theta,\ \mu)}{\partial\theta\partial\mu}\right)\\-E\left(\dfrac{\partial^2\ln L(\theta,\ \mu)}{\partial\mu\partial\theta}\right)&-E\left(\dfrac{\partial^2\ln L(\theta,\ \mu)}{\partial\mu^2}\right)\end{bmatrix},\tag{4.14}$$

再根据公式 (4.10) 和 (4.11), 得

$$\begin{aligned}I_{11}=&-E\left(\frac{\partial^2\ln L(\theta,\ \mu)}{\partial\theta^2}\right)\\=&-\frac{1}{\theta^2}E\Bigg[-2\sum_{i=1}^{m_x}\sum_{c=1}^{k_x}(m_x-h_i+1)\frac{x_{(h_i)c}}{\theta}\\&+\sum_{i=1}^{m_x}\sum_{c=1}^{k_x}\frac{(h_i-1)\left(2\mathrm{e}^{x_{(h_i)c}/\theta}-\mathrm{e}^{x_{(h_i)c}/\theta}\cdot x_{(h_i)j}/\theta-2\right)\cdot x_{(h_i)c}/\theta}{\left(\mathrm{e}^{x_{(h_i)c}/\theta}-1\right)^2}+n_x\Bigg]\\=&\frac{k_x}{\theta^2}E\Bigg[2\sum_{i=1}^{m_x}(m_x-h_i+1)x_{(h_i)1}^*\\&-\sum_{i=1}^{m_x}\frac{(h_i-1)(2\mathrm{e}^{x_{(h_i)1}^*}-\mathrm{e}^{x_{(h_i)1}^*}x_{(h_i)1}^*-2)x_{(h_i)1}^*}{(\mathrm{e}^{x_{(h_i)1}^*}-1)^2}-m_x\Bigg],\end{aligned}\tag{4.15}$$

$$\begin{aligned}I_{22}=&-E\left(\frac{\partial^2\ln L(\theta,\ \mu)}{\partial\mu^2}\right)\\=&-\frac{1}{\mu^2}E\Bigg[-2\sum_{j=1}^{m_y}\sum_{l=1}^{k_y}(m_y-h_j+1)\frac{y_{(h_j)l}}{\mu}\\&+\sum_{j=1}^{m_y}\sum_{l=1}^{k_y}\frac{(i-1)\left(2\mathrm{e}^{y_{(h_j)l}/\mu}-\mathrm{e}^{y_{(h_j)l}/\mu}\cdot y_{(h_j)l}/\mu-2\right)\cdot y_{(h_j)l}/\mu}{\left(\mathrm{e}^{y_{(h_j)l}/\mu}-1\right)^2}+n_y\Bigg]\\=&\frac{k_y}{\mu^2}E\Bigg[2\sum_{j=1}^{m_y}(m_y-h_j+1)y_{(h_j)1}^*\end{aligned}$$

$$-\sum_{j=1}^{m_y} \frac{(h_j-1)(2e^{y_{(h_j)1}^*} - e^{y_{(h_j)1}^*}y_{(h_j)1}^* - 2)y_{(h_j)1}^*}{(e^{y_{(h_j)1}^*}-1)^2} - m_y \bigg], \tag{4.16}$$

$$I_{12} = -E\left(\frac{\partial^2 \ln L(\theta,\,\mu)}{\partial\theta\partial\mu}\right) = -E\left(\frac{\partial^2 \ln L(\theta,\,\mu)}{\partial\mu\partial\theta}\right) = I_{21} = 0. \tag{4.17}$$

公式 (4.15) 中 $x_{(h_i)1}^* = x_{(h_i)1}/\theta$ 表示标准指数分布 Exp(1) 的样本量为 m_x 的简单随机样本的第 h_i 次序统计量的第 1 次观察. 公式 (4.16) 中 $y_{(h_i)1}^* = y_{(h_j)1}/\mu$ 表示标准指数分布 Exp(1) 的样本量为 m_y 的简单随机样本的第 h_j 次序统计量的第 1 次观察.

下面定理证明了 $(\hat{\theta}_{\mathrm{MLE,LRSS}},\, \hat{\mu}_{\mathrm{MLE,LRSS}})$ 的渐近正态性.

定理 4.2 对于任意给定的排序小组数 m_x 和 m_y, 当 $n_x \to \infty(k_x \to \infty)$, $n_y \to \infty(k_y \to \infty)$, 且 $\dfrac{n_x}{n_y} \to q$ 时, 有

$$\left(\sqrt{n_x}(\hat{\theta}_{\mathrm{MLE,LRSS}} - \theta),\, \sqrt{n_x}(\hat{\mu}_{\mathrm{MLE,LRSS}} - \mu)\right) \xrightarrow{L} N\left(\mathbf{0},\, \boldsymbol{A}_{\mathrm{LRSS}}^{-1}(\theta,\,\mu)\right),$$

其中

$$\boldsymbol{A}_{\mathrm{LRSS}}(\theta,\,\mu) = \begin{pmatrix} \dfrac{a_{11}}{\theta^2} & 0 \\ 0 & \dfrac{a_{22}}{q\mu^2} \end{pmatrix} \tag{4.18}$$

且

$$a_{11} = \frac{1}{m_x}\sum_{i=1}^{m_x} E\left[2(m_x-h_i+1)x_{(h_i)1}^* - \frac{(h_i-1)(2e^{x_{(h_i)1}^*} + e^{x_{(h_i)1}^*}x_{(h_i)1}^* - 2)x_{(h_i)1}^*}{(e^{x_{(h_i)1}^*}-1)^2}\right] - 1, \tag{4.19}$$

$$a_{22} = \frac{1}{m_y}\sum_{j=1}^{m_y} E\left[2(m_y-h_j+1)y_{(h_j)1}^* - \frac{(h_j-1)(2e^{y_{(h_j)1}^*} + e^{y_{(h_j)1}^*}y_{(h_j)1}^* - 2)y_{(h_j)1}^*}{(e^{y_{(h_j)1}^*}-1)^2}\right] - 1. \tag{4.20}$$

证明 类似于 SRS 方法, 根据 L 排序集样本的性质、中心极限定理以及参数 $(\theta,\,\mu)$ 的 Fisher 信息阵 $\boldsymbol{I}_{\mathrm{LRSS}}(\theta,\,\mu)$, 可证出 $(\hat{\theta}_{\mathrm{MLE,LRSS}},\, \hat{\mu}_{\mathrm{MLE,LRSS}})$ 的渐近正态性, 这里就不再详述. 根据公式 (4.14) 和 (4.17), 得

$$\boldsymbol{A}_{\mathrm{LRSS}}(\theta,\,\mu) = \begin{pmatrix} \lim\limits_{n_x,n_y\to\infty} \dfrac{I_{11}}{n_x} & 0 \\ 0 & \lim\limits_{n_x,n_y\to\infty} \dfrac{I_{22}}{n_x} \end{pmatrix}.$$

根据公式 (4.15) 和 (4.19), 有

$$\lim_{n_x,n_y\to\infty} \frac{I_{11}}{n_x}\frac{\alpha_{11}}{\theta^2},$$

再根据公式 (4.16) 和 (4.20), 有

$$\lim_{n_x, n_y \to \infty} \frac{I_{22}}{n_x} = \lim_{n_x, n_y \to \infty} \frac{n_y}{n_x} \frac{I_{22}}{n_y} = \frac{a_{22}}{q\mu^2}. \qquad \text{证毕}$$

定理 4.1 证明了 $\hat{R}_{\mathrm{MLE,LRSS}}$ 存在且唯一, 下面定理证明了当估计系统可靠度为 R 时, LRSS 下估计量 $\hat{R}_{\mathrm{MLE,LRSS}}$ 具有渐近正态性, 并具体给出了 $\sqrt{n_x} \hat{R}_{\mathrm{MLE,LRSS}}$ 的渐近方差.

定理 4.3　对于任意给定的排序小组数 m_x 和 m_y, 当 $n_x \to \infty(k_x \to \infty)$, $n_y \to \infty(k_y \to \infty)$, 且 $\frac{n_x}{n_y} \to q$ 时, 有

$$\sqrt{n_x}(\hat{R}_{\mathrm{MLE,LRSS}} - R) \xrightarrow{L} N\left(0, \sigma^2_{\mathrm{MLE,LRSS}}(R)\right),$$

其中

$$\sigma^2_{\mathrm{MLE,LRSS}}(R) = R^2(1-R)^2 \left(\frac{1}{a_{11}} + \frac{q}{a_{22}}\right). \tag{4.21}$$

证明　根据公式 (4.3), 有

$$\frac{\partial R}{\partial \theta} = \frac{\mu}{(\theta+\mu)^2}$$

和

$$\frac{\partial R}{\partial \mu} = \frac{-\theta}{(\theta+\mu)^2}.$$

令

$$\boldsymbol{\beta} = \left(\frac{\partial R}{\partial \theta}, \frac{\partial R}{\partial \mu}\right)^{\mathrm{T}} = \left(\frac{\mu}{(\theta+\mu)^2}, -\frac{\theta}{(\theta+\mu)^2}\right)^{\mathrm{T}}. \tag{4.22}$$

根据定理 4.2 和文献 [19] 中定理 3.8 的推论, 当 $n_x \to \infty$, $\frac{n_x}{n_y} \to q$ 时, 有

$$\sqrt{n_x}(\hat{R}_{\mathrm{MLE,LRSS}} - R) \xrightarrow{L} N\left(0, \boldsymbol{\beta}^{\mathrm{T}} \boldsymbol{A}_{\mathrm{LRSS}}^{-1}(\theta, \mu)\boldsymbol{\beta}\right).$$

再根据公式 (4.18) 和 (4.22), 得

$$\sigma^2_{\mathrm{MLE,LRSS}}(R) = \boldsymbol{\beta}^{\mathrm{T}} \boldsymbol{A}_{\mathrm{LRSS}}^{-1}(\theta, \mu)\boldsymbol{\beta}$$

$$= \left(\frac{\mu}{(\theta+\mu)^2}, -\frac{\theta}{(\theta+\mu)^2}\right) \begin{pmatrix} \dfrac{a_{11}}{\theta^2} & 0 \\ 0 & \dfrac{a_{22}}{q\mu^2} \end{pmatrix} \begin{pmatrix} \dfrac{\mu}{(\theta+\mu)^2} \\ \dfrac{-\theta}{(\theta+\mu)^2} \end{pmatrix}$$

$$= R^2(1-R)^2 \left(\frac{1}{a_{11}} + \frac{q}{a_{22}}\right). \qquad \text{证毕}$$

4.2.3 渐近相对效率

令 $X_1, X_2, \cdots, X_{n_x}$ 为抽自总体 X 的简单随机样本, 样本量为 n_x; $Y_1, Y_2, \cdots,$ Y_{n_y} 为抽自总体 Y 的简单随机样本, 样本量为 n_y. 由茆诗松等[20] 知, SRS 下 θ 和 μ 的 MLE 分别为

$$\hat{\theta}_{\text{MLE,SRS}} = \frac{1}{n_x} \sum_{i=1}^{n_x} X_i = \bar{X}$$

和

$$\hat{\mu}_{\text{MLE,SRS}} = \frac{1}{n_y} \sum_{i=1}^{n_y} Y_i = \bar{Y}.$$

根据公式 (4.3) 和 MLE 的不变性, SRS 下系统可靠度 R 的 MLE 为

$$\hat{R}_{\text{MLE,SRS}} = \frac{\hat{\theta}_{\text{MLE,SRS}}}{\hat{\theta}_{\text{MLE,SRS}} + \hat{\mu}_{\text{MLE,SRS}}} = \frac{\bar{X}}{\bar{X} + \bar{Y}}.$$

下面定理证明了 $(\hat{\theta}_{\text{MLE,SRS}}, \hat{\mu}_{\text{MLE,SRS}})$ 的渐近正态性.

定理 4.4 当 $n_x \to \infty$, $n_y \to \infty$, 且 $\dfrac{n_x}{n_y} \to q$ 时, 有

$$\left(\sqrt{n_x}(\hat{\theta}_{\text{MLE,SRS}} - \theta), \sqrt{n_x}(\hat{\mu}_{\text{MLE,SRS}} - \mu) \right) \xrightarrow{L} N\left(\mathbf{0}, \boldsymbol{A}_{\text{SRS}}^{-1}(\theta, \mu) \right),$$

其中

$$\boldsymbol{A}_{\text{SRS}}(\theta, \mu) = \begin{pmatrix} \dfrac{1}{\theta^2} & 0 \\ 0 & \dfrac{1}{q\mu^2} \end{pmatrix}. \tag{4.23}$$

证明 $(\hat{\theta}_{\text{MLE,SRS}}, \hat{\mu}_{\text{MLE,SRS}})$ 的渐近正态性可由茆诗松等[20] 直接推得. 下面计算渐近方差, 因为 SRS 下参数 θ 和 μ 的 Fisher 信息分别为

$$I_{\text{SRS}}(\theta) = \frac{n_x}{\theta^2}$$

和

$$I_{\text{SRS}}(\mu) = \frac{n_y}{\mu^2},$$

所以,

$$\boldsymbol{A}_{\text{SRS}}(\theta, \mu) = \begin{pmatrix} \lim\limits_{n_x, n_y \to \infty} \dfrac{I_{\text{SRS}}(\theta)}{n_x} & 0 \\ 0 & \lim\limits_{n_x, n_y \to \infty} \dfrac{I_{\text{SRS}}(\mu)}{n_x} \end{pmatrix} = \begin{pmatrix} \dfrac{1}{\theta^2} & 0 \\ 0 & \dfrac{1}{q\mu^2} \end{pmatrix}. \quad \text{证毕}$$

下面定理证明了当估计系统可靠度为 R 时, SRS 下估计量 $\hat{R}_{\text{MLE,SRS}}$ 具有渐近正态性, 并具体给出了 $\sqrt{n_x}\hat{R}_{\text{MLE,SRS}}$ 的渐近方差.

定理 4.5　当 $n_x \to \infty$, $n_y \to \infty$, 且 $\dfrac{n_x}{n_y} \to q$ 时, 有

$$\sqrt{n_x}(\hat{R}_{\mathrm{MLE,SRS}} - R) \xrightarrow{L} N\left(0,\ \sigma^2_{\mathrm{MLE,SRS}}(R)\right),$$

其中

$$\sigma^2_{\mathrm{MLE,SRS}} = R^2(1-R)^2(1+q). \tag{4.24}$$

证明　令

$$\boldsymbol{\beta} = \left(\frac{\partial R}{\partial \theta},\ \frac{\partial R}{\partial \mu}\right)^{\mathrm{T}} = \left(\frac{\mu}{(\theta+\mu)^2},\ -\frac{\theta}{(\theta+\mu)^2}\right)^{\mathrm{T}}. \tag{4.25}$$

根据定理 4.4, 有

$$\sqrt{n_x}(\hat{R}_{\mathrm{MLE,SRS}} - R) \xrightarrow{L} N\left(0,\ \boldsymbol{\beta}^{\mathrm{T}} \boldsymbol{A}^{-1}_{\mathrm{SRS}}(\theta,\ \mu)\boldsymbol{\beta}\right).$$

再根据公式 (4.23) 和 (4.25), 得

$$
\begin{aligned}
\sigma^2_{\mathrm{MLE,SRS}}(R) &= \boldsymbol{\beta}^{\mathrm{T}} \boldsymbol{A}^{-1}_{\mathrm{SRS}}(\theta,\ \mu)\boldsymbol{\beta} \\
&= \left(\frac{\mu}{(\theta+\mu)^2},\ -\frac{\theta}{(\theta+\mu)^2}\right)
\begin{pmatrix} \dfrac{1}{\theta^2} & 0 \\[2mm] 0 & \dfrac{1}{q\mu^2} \end{pmatrix}
\begin{pmatrix} \dfrac{\mu}{(\theta+\mu)^2} \\[2mm] \dfrac{-\theta}{(\theta+\mu)^2} \end{pmatrix} \\
&= R^2(1-R)^2(1+q). \qquad\qquad \text{证毕}
\end{aligned}
$$

根据定理 4.3 和定理 4.5, 估计量 $\hat{R}_{\mathrm{MLE,LRSS}}$ 和 $\hat{R}_{\mathrm{MLE,SRS}}$ 的渐近方差分别为 $\sigma^2_{\mathrm{MLE,LRSS}}(R)/n_x$ 和 $\sigma^2_{\mathrm{MLE,SRS}}(R)/n_x$. 这样, $\hat{R}_{\mathrm{MLE,LRSS}}$ 与 $\hat{R}_{\mathrm{MLE,SRS}}$ 的渐近相对效率定义为它们渐近方差比的倒数, 即

$$\mathrm{ARE}(\hat{R}_{\mathrm{MLE,LRSS}},\ \hat{R}_{\mathrm{MLE,SRS}}) = \left(\frac{\sigma^2_{\mathrm{MLE,LRSS}}(R)/n_x}{\sigma^2_{\mathrm{MLE,SRS}}(R)/n_x}\right)^{-1} = \frac{\sigma^2_{\mathrm{MLE,SRS}}(R)}{\sigma^2_{\mathrm{MLE,LRSS}}(R)}. \tag{4.26}$$

将公式 (4.21) 和 (4.24) 代入公式 (4.26) 的第二个等式, 整理后得

$$\mathrm{ARE}(\hat{R}_{\mathrm{MLE,LRSS}},\ \hat{R}_{\mathrm{MLE,SRS}}) = \frac{a_{11}a_{22}(1+q)}{a_{22}+qa_{11}}.$$

再由公式 (4.11) 和 (4.12) 知, $\mathrm{ARE}(\hat{R}_{\mathrm{MLE,LRSS}},\ \hat{R}_{\mathrm{MLE,SRS}})$ 的值依赖于 m_x, m_y, r 和 q, 但不依赖于 R, θ 和 μ. 特别地, 当 $m_x = m_y$ 时, $a_{11} = a_{22}$, 有

$$\mathrm{ARE}(\hat{R}_{\mathrm{MLE,LRSS}},\ \hat{R}_{\mathrm{MLE,SRS}}) = a_{11}.$$

根据公式 (4.19), 可得当 $m_x = m_y$ 时, $\text{ARE}(\hat{R}_{\text{MLE,LRSS}}, \hat{R}_{\text{MLE,SRS}})$ 仅依赖于 m_x 和 r.

表 4.1 给出当 $m_x = m_y$, $m_x = 2(1)10$ 和 $r = 0, 1, \cdots, [0.5(m_x - 1)]$ 时 $\text{ARE}(\hat{R}_{\text{MLE,LRSS}}, \hat{R}_{\text{MLE,SRS}})$ 的值. 表 4.2 给出了当 $q = 0.5, 1, 1.5, m_x = 3, 6, 9, m_y - m_x = -1, 1$ 和 $r = 0, 1, \cdots, \min\{[0.5(m_x - 1)], [0.5(m_y - 1)]\}$ 时 $\text{ARE}(\hat{R}_{\text{MLE,LRSS}}, \hat{R}_{\text{MLE,SRS}})$ 的值. 从表 4.1 和表 4.2 中我们可以得出以下结论:

表 4.1 当 $m_x = m_y$ 时估计量 $\hat{R}_{\text{MLE,LRSS}}$ 与 $\hat{R}_{\text{MLE,SRS}}$ 的渐近相对效率

m_x	$r = 0$	$r = 1$	$r = 2$	$r = 3$	$r = 4$
2	1.4041				
3	1.8082	1.9247			
4	2.2123	2.3691			
5	2.6165	2.7931	2.8750		
6	3.0206	3.2087	3.3325		
7	3.4247	3.6190	3.7694	3.8311	
8	3.8288	4.0270	4.1954	4.2949	
9	4.2329	4.4332	4.6147	4.7401	4.7893
10	4.6370	4.8383	5.0296	5.1742	5.2567

表 4.2 当 $m_x \neq m_y$ 时估计量 $\hat{R}_{\text{MLE,LRSS}}$ 与 $\hat{R}_{\text{MLE,SRS}}$ 的渐近相对效率

q	m_x	m_y	$r = 0$	$r = 1$	$r = 2$	$r = 3$	$r = 4$
0.5	3	2	1.6500				
	3	4	1.9255	2.0531			
	6	5	2.8727	3.0569	3.1646		
	6	7	3.1442	3.3345	3.4664		
	9	8	4.0891	4.2890	4.4659	4.5818	
	9	10	4.3600	4.5610	4.7452	4.8770	4.9360
1	3	2	1.5808				
	3	4	1.9900	2.1239			
	6	5	2.8040	2.9864	3.0869		
	6	7	3.2100	3.4014	3.5374		
	9	8	4.0207	4.2203	4.3951	4.5065	
	9	10	4.4258	4.6269	4.8131	4.9477	5.0121
1.5	3	2	1.5420				
	3	4	2.0308	2.1688			
	6	5	2.7644	2.9456	3.0421		
	6	7	3.2507	3.4428	3.5816		
	9	8	3.9808	4.1802	4.3537	4.4625	
	9	10	4.4665	4.6677	4.8550	4.9914	5.0592

(i) 对于任意给定的 m_x, m_y, r 和 q, $\text{ARE}(\hat{R}_{\text{MLE,LRSS}}, \hat{R}_{\text{MLE,SRS}}) > 1$, 这说明

LRSS 下估计量 $\hat{R}_{\text{MLE,LRSS}}$ 的估计效率高于 SRS 下估计量 $\hat{R}_{\text{MLE,SRS}}$;

(ii) 对于任意给定的 m_x, m_y 和 q, ARE$(\hat{R}_{\text{MLE,LRSS}}, \hat{R}_{\text{MLE,SRS}})$ 的值随着系数 r 的增加而增大, 这说明中位数 RSS 方法是最优抽样方案;

(iii) 对于任意给定的 r 和 q, ARE$(\hat{R}_{\text{MLE,LRSS}}, \hat{R}_{\text{MLE,SRS}})$ 的值随着排序小组数 m_x 或 m_y 的增加而增大, 这说明随着排序小组数的增加, $\hat{R}_{\text{MLE,LRSS}}$ 相对于 $\hat{R}_{\text{MLE,SRS}}$ 的估计优势越明显;

(iv) 对于任意给定的 r, 当 $m_x < m_y$ 时, ARE$(\hat{R}_{\text{MLE,LRSS}}, \hat{R}_{\text{MLE,SRS}})$ 的值随着 q 的增加而增大; 当 $m_x > m_y$ 时, ARE$(\hat{R}_{\text{MLE,LRSS}}, \hat{R}_{\text{MLE,SRS}})$ 的值随着 q 的增加而减小.

4.3　系统可靠度的修正极大似然估计

4.3.1　修正极大似然估计量

由公式 (4.10) 和 (4.11) 可知, $\hat{\theta}_{\text{MLE,LRSS}}$ 和 $\hat{\mu}_{\text{MLE,LRSS}}$ 是以下两个方程的解:

$$\sum_{i=1}^{m_x}\sum_{c=1}^{k_x}(m_x - h_i + 1)x_{(h_i)c} - \sum_{i=1}^{m_x}\sum_{c=1}^{k_x}\frac{(h_i-1)x_{(h_i)c}}{e^{x_{(h_i)c}/\theta}-1} - n_x\theta = 0, \tag{4.27}$$

$$\sum_{j=1}^{m_y}\sum_{l=1}^{k_y}(m_y - h_j + 1)y_{(h_j)l} - \sum_{j=1}^{m_y}\sum_{l=1}^{k_y}\frac{(h_j-1)y_{(h_j)l}}{e^{y_{(h_j)l}/\mu}-1} - n_y\mu = 0.$$

显然, 这两个方程都很难求出显示解. 为了解决这一问题, 下面我们利用第 2 章采用过的部分期望法[21] 对 $\hat{\theta}_{\text{MLE,LRSS}}$ 和 $\hat{\mu}_{\text{MLE,LRSS}}$ 进行修正. 对于公式 (4.27), 我们把方程左边的第二项 $\sum\limits_{i=1}^{m_x}\sum\limits_{c=1}^{k_x}\dfrac{(h_i-1)x_{(h_i)c}}{e^{x_{(h_i)c}/\theta}-1}$ 替换为它的数学期望.

类似于公式 (2.27) 的计算方法, 得

$$E\left[\sum_{i=1}^{m_x}\sum_{c=1}^{k_x}\frac{(h_i-1)x_{(h_i)c}}{e^{x_{(h_i)c}/\theta}-1}\right]$$

$$= \theta n_x \sum_{i=1}^{m_x}\sum_{s=0}^{h_i-2}(-1)^{h_i-s}(h_i-1)(m_x-s)^{-2}\binom{m_x-1}{h_i-1}\binom{h_i-2}{s}. \tag{4.28}$$

然后, 将公式 (4.28) 代替公式 (4.27) 中 $\sum\limits_{i=1}^{m_x}\sum\limits_{c=1}^{k_x}\dfrac{(h_i-1)x_{(h_i)c}}{e^{x_{(h_i)c}/\theta}-1}$, 求解就可得到 LRSS 下参数 θ 的修正 MLE, 其具体表达式为

$$\hat{\theta}_{\mathrm{MMLE,LRSS}}=\cfrac{\displaystyle\sum_{i=1}^{m_x}\sum_{j=1}^{k_x}(m_x-h_i+1)x_{(h_i)c}}{n_x+n_x\displaystyle\sum_{i=1}^{m_x}\sum_{s=0}^{h_i-2}(-1)^{h_i-s}(h_i-1)(m_x-s)^{-2}\left(\begin{array}{c}m_x-1\\h_i-1\end{array}\right)\left(\begin{array}{c}h_i-2\\s\end{array}\right)}.$$

同理, 可得 LRSS 下参数 μ 的修正 MLE 为

$$\hat{\mu}_{\mathrm{MMLE,LRSS}}=\cfrac{\displaystyle\sum_{j=1}^{m_y}\sum_{l=1}^{k_y}(m_y-h_j+1)y_{(h_j)l}}{n_y+n_y\displaystyle\sum_{j=1}^{m_y}\sum_{s=0}^{h_j-2}(-1)^{h_j-s}(h_j-1)(m_y-s)^{-2}\left(\begin{array}{c}m_y-1\\h_j-1\end{array}\right)\left(\begin{array}{c}h_j-2\\s\end{array}\right)}.$$

这样, LRSS 下系统可靠度 $R=\theta/(\theta+\mu)$ 的修正 MLE 为

$$\hat{R}_{\mathrm{MMLE,LRSS}}=\frac{\hat{\theta}_{\mathrm{MMLE,LRSS}}}{\hat{\theta}_{\mathrm{MMLE,LRSS}}+\hat{\mu}_{\mathrm{MMLE,LRSS}}}.$$

4.3.2　模拟相对效率

　　为了比较 LRSS 下估计量 $\hat{R}_{\mathrm{MMLE,LRSS}}$ 和 SRS 下估计量 $\hat{R}_{\mathrm{MLE,SRS}}$ 的估计效率, 我们进行了计算机模拟, 模拟次数为 10000 次. 对于指数分布的系统可靠度 R, 一个估计量 $\hat{R}$ 的偏差和均方误差分别定义为

$$B(\hat{R})=\frac{1}{10000}\sum_{i=1}^{10000}(\hat{R}_i-R),$$

$$\mathrm{MSE}(\hat{R})=\frac{1}{10000}\sum_{i=1}^{10000}(\hat{R}_i-R)^2,$$

其中 $\hat{R}_i$ 表示估计量 $\hat{R}$ 的第 i 次模拟估计值.

　　估计量 $\hat{R}_{\mathrm{MMLE,LRSS}}$ 和 $\hat{R}_{\mathrm{MLE,SRS}}$ 的模拟相对效率定义为它们均方误差比的倒数, 即

$$\mathrm{SRE}(\hat{R}_{\mathrm{MMLE,LRSS}},\ \hat{R}_{\mathrm{MLE,SRS}})=\left[\frac{\mathrm{MSE}(\hat{R}_{\mathrm{MMLE,LRSS}})}{\mathrm{MSE}(\hat{R}_{\mathrm{MLE,SRS}})}\right]^{-1}=\frac{\mathrm{MSE}(\hat{R}_{\mathrm{MLE,SRS}})}{\mathrm{MSE}(\hat{R}_{\mathrm{MMLE,LRSS}})}.$$

　　当 $k_x=k_y=10$, $(\theta,\ \mu)=(0.5,1)$, $(1,1)$, $(2,1)$, $m_x=3,6,9$, $m_y-m_x=-1,0,1$ 和 $r=0,1,\cdots,\min\{[0.5(m_x-1)],\ [0.5(m_y-1)]\}$ 时, 表 4.3 给出了估计量 $\hat{R}_{\mathrm{MMLE,LRSS}}$ 和 $\hat{R}_{\mathrm{MLE,SRS}}$ 的偏差, 表 4.4 给出了估计量 $\hat{R}_{\mathrm{MMLE,LRSS}}$ 与 $\hat{R}_{\mathrm{MLE,SRS}}$ 的模拟相对效率. 从这两个表中我们可以得出以下结论:

（i）对于任意给定的 (θ, μ), m_x, m_y 和 r, 估计量 $\hat{R}_{\mathrm{MMLE,LRSS}}$ 和估计量 $\hat{R}_{\mathrm{MLE,SRS}}$ 的偏差绝对值都非常小；

（ii）对于任意给定的 (θ, μ), m_x, m_y 和 r, $\mathrm{SRE}(\hat{R}_{\mathrm{MMLE,LRSS}}, \hat{R}_{\mathrm{MLE,SRS}}) > 1$, 这说明 $\hat{R}_{\mathrm{MLE,LRSS}}$ 的估计效率高于 $\hat{R}_{\mathrm{MLE,SRS}}$；

（iii）对于任意给定的 (θ, μ), 当 $r = 0$ 时, $\mathrm{SRE}(\hat{R}_{\mathrm{MMLE,LRSS}}, \hat{R}_{\mathrm{MLE,SRS}})$ 的值随着排序小组数 m_x 或 m_y 的增加而增大；

（iv）对于任意给定的 (θ, μ), 当 $m_x = m_y$ 时, $\mathrm{SRE}(\hat{R}_{\mathrm{MMLE,LRSS}}, \hat{R}_{\mathrm{MLE,SRS}})$ 的值随着系数 r 的增加而增大.

表 4.3　估计量 $\hat{R}_{\mathrm{MMLE,LRSS}}$ 和 $\hat{R}_{\mathrm{MLE,SRS}}$ 的偏差

(θ, μ)	m_x	m_y	$\hat{R}_{\mathrm{MLE,SRS}}$	$\hat{R}_{\mathrm{MMLE,LRSS}}$				
				$r = 0$	$r = 1$	$r = 2$	$r = 3$	$r = 4$
(0.5,1)	3	2	0.0014	0.0012				
		3	0.0020	0.0013	0.0010			
		4	0.0041	0.0006	0.0068			
	6	5	0.0007	0.0007	−0.0030	−0.0075		
		6	0.0016	0.0003	0.0003	0.0001		
		7	0.0010	0.0002	0.0031	0.0054		
	9	8	0.0002	0.0001	−0.0009	−0.0045	−0.0082	
		9	0.0010	0.0004	0.0002	0.0005	0.0002	0.0000
		10	0.0008	0.0002	0.0011	0.0068	0.0056	0.0095
(1,1)	3	2	−0.0026	0.0020				
		3	0.0004	−0.0002	−0.0003			
		4	0.0025	−0.0007	0.0052			
	6	5	−0.0011	0.0007	−0.0051	−0.0110		
		6	0.0001	0.0001	−0.0003	−0.0002		
		7	0.0006	0.0002	0.0028	0.0077		
	9	8	0.0001	0.0003	−0.0013	−0.0045	−0.0094	−0.0103
		9	0.0002	0.0002	0.0003	−0.0004	−0.0002	0.0001
		10	0.0002	−0.0000	0.0010	0.0042	0.0086	0.0105
(2,1)	3	2	−0.0061	0.0007				
		3	−0.0028	−0.0006	−0.0006			
		4	−0.0014	−0.0025	0.0077			
	6	5	−0.0020	−0.0007	−0.0036	−0.0092		
		6	−0.0005	−0.0005	−0.0003	−0.0004		
		7	−0.0008	−0.0004	0.0022	0.0061		
	9	8	−0.0013	−0.0002	−0.0017	−0.0051	−0.0078	
		9	−0.0002	0.0000	−0.0003	−0.0003	−0.0002	−0.0001
		10	−0.0011	−0.0001	0.0009	0.0041	0.0060	0.0098

表 4.4　估计量 $\hat{R}_{\text{MMLE,LRSS}}$ 与 $\hat{R}_{\text{MLE,SRS}}$ 的模拟相对效率

(θ, μ)	m_x	m_y	$r=0$	$r=1$	$r=2$	$r=3$	$r=4$
(0.5,1)	3	2	1.4857				
		3	1.8328	1.9742			
		4	1.8748	1.9177			
	6	5	2.7113	2.9376	2.3376		
		6	2.8850	3.2039	3.2640		
		7	3.0216	3.1986	2.5450		
	9	8	3.9614	4.0315	3.7153	2.6615	
		9	4.0447	4.3356	4.5347	4.6875	4.7458
		10	4.1576	4.2999	3.7255	3.3737	2.5818
(1,1)	3	2	1.5241				
		3	1.7920	1.8575			
		4	1.9242	1.9391			
	6	5	2.8579	2.6245	2.1395		
		6	2.9562	3.0225	3.3825		
		7	3.1341	3.2771	2.6181		
	9	8	3.9824	4.0579	3.4764	2.4418	
		9	4.0835	4.1248	4.5418	4.7277	4.8036
		10	4.2715	4.5189	4.0337	3.5779	2.7508
(2,1)	3	2	1.5681				
		3	1.8128	1.9095			
		4	1.8850	2.0913			
	6	5	2.8179	2.8736	2.0974		
		6	2.9394	3.2202	3.2955		
		7	3.0844	3.2131	2.7973		
	9	8	3.9292	4.2127	3.5009	2.4424	
		9	4.6571	4.2096	4.5879	4.6613	4.9178
		10	4.3023	4.5286	4.1836	3.5972	2.8036

参 考 文 献

[1] Kotz S, Lumelskii Y, Pensky M. The Stress-Strength Model and its Generalizations: Theory and Applications. Singapore: World Scientific, 2003: 11-46.

[2] Sengupta S, Mukhuti S. Unbiased estimation of $P(X > Y)$ for exponential populations using order statistics with application in ranked set sampling. Communications in Statistics-Theory and Methods, 2008, 37(6): 898-916.

[3] Muttlak H A. Investigating the use of quartile ranked set samples for estimating the population mean. Applied Mathematics and Computation, 2003, 146(2/3): 437-443.

[4] Mahdizadeh M, Zamanzade E. Interval estimation of $P(X < Y)$ in ranked set sampling. Computational Statistics, 2018, 33(3): 1325-1348.

[5] Akgül F G, Şenoğlu B. Estimation of $P(X < Y)$ using ranked set sampling for the Weibull distribution. Quality Technology & Quantitative Management, 2017, 14(3): 296-309.

[6] Ozdemir Y A, Gokpinar A F. A new formula for inclusion probabilities in median-ranked set sampling. Communications in Statistics-Theory and Methods, 2008, 37(13): 2022-2033.

[7] Ahmed S, Shabbir J. Extreme-cum-median ranked set sampling. Brazilian Journal of Probability and Statistics, 2019, 33(1): 24-38.

[8] Algarni A. Median and extreme ranked set sampling for penalized spline estimation. Applied Mathematics & Information Sciences, 2016, 10(1): 243-250.

[9] Samawi H M, Rochani H, Linder D, et al. More efficient logistic analysis using moving extreme ranked set sampling. Journal of Applied Statistics, 2017, 44(4): 753-766.

[10] Chen W X, Xie M Y, Wu M. Modified maximum likelihood estimator of scale parameter using moving extremes ranked set sampling. Communications in Statistics-Simulation and Computation, 2016, 45(6): 2232-2240.

[11] Biradar B S, Santosha C D. Estimation of the population mean based on extremes ranked set sampling. American Journal of Mathematics and Statistics, 2015, 5(1): 32-36.

[12] Shaibu A B, Muttlak H A. A comparison of the maximum likelihood estimators under ranked set sapling some of its modifications. Applied Mathematics and Computation, 2002, 129(2/3): 441-453.

[13] Muttlak H A, Abu-Dayyeh W. Weighted modified ranked set sampling methods. Applied Mathematics and Computation, 2004, 151(3): 645-657.

[14] Al-Nasser A D. L ranked set sampling: A generalization procedure for robust visual sampling. Communications in Statistics-Simulation and Computation, 2007, 36(1): 33-43.

[15] Dong X F, Zhang L Y. Estimation of system reliability for exponential distributions based on L ranked set sampling. Communications in Statistics-Theory and Methods, 2020, 49(15): 3650-3662.

[16] Awais M , Haq A. A new cumulative sum control chart for monitoring the process mean using varied L ranked set sampling. Journal of Industrial and Production Engineering, 2018, 35(2): 74-90.

[17] Al-Omari A I. The efficiency of L ranked set sampling in estimating the distribution function. Afrika Matematika, 2015, 26: 1457-1466.

[18] Haq A, Brown J, Moltchanova E, et al. Varied L ranked set sampling scheme. Journal of Statistical Theory and Practice, 2015, 9(4): 741-767.

[19] Chen Z H, Bai Z D, Sinha B K. Ranked Set Sampling: Theory and Application. New York: Springer, 2004.

[20] 茆诗松, 王静龙, 濮晓龙. 高等数理统计. 北京: 高等教育出版社, 2006.

[21] Mehrotra K G, Nanda P. Unbiased estimator of parameter by order statistics in the case of censored samples. Biometrika, 1974, 61(3): 601-606.

第 5 章　非均等排序集抽样下中位寿命的非参数估计

令产品寿命 T 的可靠度函数为 $R(t)$, 则

$$\xi_{0.5} = \sup\{t : R(t) > 0.5\}, \tag{5.1}$$

称为 T 的中位寿命. 显然, $R(\xi_{0.5}) = 0.5$. 平均寿命通常描述一个分布的中心趋势, 但对于寿命分布来说, 中位寿命比平均寿命更好些, 因为少数个体特别长或特别短的寿命将对平均寿命产生过大的影响.

一些文献采用不同的 RSS 方法, 研究了总体中位寿命 $\xi_{0.5}$ 的非参数估计问题. Chen 等[1] 提出用标准排序集样本中位数来估计 $\xi_{0.5}$, 证明了其估计效率高于简单随机样本中位数. 董晓芳和张良勇[2] 利用中位数排序集样本, 构造了 $\xi_{0.5}$ 的非参数估计量, 并证明了中位数 RSS 方法的抽样效率高于 SRS 方法和 SRSS 方法. Al-Omari 和 Raqab[3] 研究了截断 RSS 下总体平均值和中位数的估计问题. 非均等排序集抽样 (ranked set sampling with unequal samples, RSSU) 方法是 Bhoj[4] 在估计总体均值时提出的, 并证明出非均等排序集样本均值的估计效率高于 Dell 和 Clutter[5] 提出的标准排序集样本均值. 为了检验未知总体的中位寿命 $\xi_{0.5}$, 张良勇等[6] 和 Zhang 等[7] 考虑了基于非均等排序集样本的符号检验, 并证明了其 Pitman 效率一致高于 SRS 下和 SRSS 下的符号检验. Biradar 和 Santosha[8] 在 RSSU 方法的基础上提出了极大值抽样方案, Eskandarzadeh 等[9] 进一步考虑了极大值 RSSU 方法的信息测量. Dong 等[10] 研究了 RSSU 下指数分布系统可靠度的 MLE, 证明了其估计效率高于 SRS 下 MLE. 张良勇[11] 研究了基于 RSSU 方法的符号秩检验、秩和检验和分位数符号检验, 计算了这些检验的 Pitman 效率, 并证明了 RSSU 方法的抽样效率高于 SRS 方法和 SRSS 方法.

本章利用非均等排序集样本, 构建总体中位寿命 $\xi_{0.5}$ 的非参数估计量及其加权估计量, 分析这些估计量的统计性质, 给出最优加权向量, 并分别与 SRS 下和 SRSS 下相应估计量进行估计效率的比较.

5.1　非均等排序集抽样方法

RSSU 方法的抽样过程[4] 为

第一步, 从总体随机抽取大小为 m^2 的简单样本, 将它们随机划分为 m 组, 第 i 组样本单元个数为 $2i-1$, $i = 1, 2, \cdots, m$;

第二步, 利用直观感知的信息对每组样本进行由小到大的排序, 这些信息包括专家观点、视觉上的比较以及另外一些易于获得的信息, 但不包括与所推断量有关的具体测量;

第三步, 从第 i, $i = 1, 2, \cdots, m$ 个排序小组中抽取次序为 i 的样本单元.

以上整个过程称为一次循环, 为了获得更大的样本量, 类似循环重复 k 次, 这样得到样本量为 $n = mk$ 的非均等排序集样本, 最终只对这 n 个样本单元进行实际测量. 若令 $T_{(i:2i-1)j}$ 表示在第 j 次循环中从第 i 组样本量为 $2i - 1$ 的简单随机样本中选出次序为 i 的样本单元, 则非均等排序集样本表示为

$$
\begin{array}{cccc}
T_{(1:1)1} & T_{(1:1)2} & \cdots & T_{(1:1)k} \\
T_{(2:3)1} & T_{(2:3)2} & \cdots & T_{(2:3)k} \\
\vdots & \vdots & & \vdots \\
T_{(m:2m-1)1} & T_{(m:2m-1)2} & \cdots & T_{(m:2m-1)k}
\end{array}
$$

一般简记为

$$
T_{(i:2i-1)j}, \quad i = 1, 2, \cdots, m; \quad j = 1, 2, \cdots, k.
$$

从 RSSU 方法的抽样过程来看, 虽然我们从总体中一共抽取了 $m^2 k$ 个样本单元, 但是我们只对 $n = mk$ 个单元进行实际测量.

非均等排序集样本的显著特点有

(i) 非均等排序集样本单元之间相互独立, 因为每一个样本单元来自不同的排序小组;

(ii) 对于任意给定的 $i(1 \leqslant i \leqslant m)$, $T_{(i:2i-1)1}$, $T_{(i:2i-1)2}$, $\cdots$, $T_{(i:2i-1)k}$ 不仅相互独立, 并且都与样本量为 $2i - 1$ 的简单随机样本中位数的分布相同.

5.2 中位寿命的非参数估计

5.2.1 估计量的定义

假设未知总体 T 的概率密度函数和可靠度函数分别为 $f(t)$ 和 $R(t)$. 令 $T_{(i:2i-1)j}$, $i = 1, 2, \cdots, m; j = 1, 2, \cdots, k$ 为抽自 T 的非均等排序集样本, 样本量 $n = mk$. 假设排序没有误差, $T_{(i:2i-1)j}$ 可看作样本量为 $2i - 1$ 的简单随机样本中位数的第 j 次观察, 因此 $T_{(i:2i-1)j}$ 的分布与 j 无关, 其概率密度函数为

$$
f_{(i:2i-1)}(t) = i \binom{2i-1}{i} R^{i-1}(t)[1 - R(t)]^{i-1} f(t), \quad i = 1, 2, \cdots, m. \tag{5.2}
$$

特别地, 当 $t = \xi_{0.5}$ 时,

$$f_{(i:2i-1)}(\xi_{0.5}) = i \begin{pmatrix} 2i-1 \\ i \end{pmatrix} R^{i-1}(\xi_{0.5})[1 - R(\xi_{0.5})]^{i-1} f(\xi_{0.5})$$

$$= \frac{i}{4^{i-1}} \begin{pmatrix} 2i-1 \\ i \end{pmatrix} f(\xi_{0.5}). \tag{5.3}$$

由公式 (5.2) 知, $T_{(i:2i-1)j}$ 的可靠度函数为

$$R_{(i:2i-1)}(t) = \int_t^\infty f_{(i:2i-1)}(u)\mathrm{d}u$$

$$= i \begin{pmatrix} 2i-1 \\ i \end{pmatrix} \int_0^{R(t)} u^{i-1}(1-u)^{i-1}\mathrm{d}u, \quad i = 1, 2, \cdots, m. \tag{5.4}$$

根据次序统计量的分布性质, $R_{(i:2i-1)}(t)$ 还有另外一个表达式, 即

$$R_{(i:2i-1)}(t) = P(T_{(i:2i-1)} > t) = \sum_{u=0}^{i-1} \begin{pmatrix} 2i-1 \\ u \end{pmatrix} [1 - R(t)]^u R^{2i-1-u}(t). \tag{5.5}$$

特别地, 当 $t = \xi_{0.5}$ 时, 根据公式 (5.4) 和 (5.5), 得

$$R_{(i:2i-1)}(\xi_{0.5}) = i \begin{pmatrix} 2i-1 \\ i \end{pmatrix} \int_0^{0.5} u^{i-1}(1-u)^{i-1}\mathrm{d}u = \frac{1}{2^{2i-1}} \sum_{u=0}^{i-1} \begin{pmatrix} 2i-1 \\ u \end{pmatrix}. \tag{5.6}$$

显然, 对于给定的 i, $R_{(i:2i-1)}(\xi_{0.5})$ 是个常数.

因为

$$\int_0^{0.5} u^{i-1}(1-u)^{i-1}\mathrm{d}u = \int_0^1 u^{i-1}(1-u)^{i-1}\mathrm{d}u - \int_{0.5}^1 u^{i-1}(1-u)^{i-1}\mathrm{d}u$$

$$= \int_0^1 u^{i-1}(1-u)^{i-1}\mathrm{d}u + \int_{0.5}^0 (1-v)^{i-1}v^{i-1}\mathrm{d}(1-v)$$

$$= \int_0^1 u^{i-1}(1-u)^{i-1}\mathrm{d}u - \int_0^{0.5} (1-u)^{i-1}u^{i-1}\mathrm{d}u,$$

所以

$$\int_0^{0.5} u^{i-1}(1-u)^{i-1}\mathrm{d}u = \frac{1}{2} \int_0^1 u^{i-1}(1-u)^{i-1}\mathrm{d}u$$

$$= \frac{(i-1)!(i-1)!}{2i!}$$

$$= \frac{1}{2i \begin{pmatrix} 2i-1 \\ i \end{pmatrix}}. \tag{5.7}$$

将公式 (5.7) 代入公式 (5.6) 的第一个等式, 得

$$R_{(i:2i-1)}(\xi_{0.5}) = 0.5. \tag{5.8}$$

对于任意给定的 $i(i = 1, 2, \cdots, m)$ 和 $j(j = 1, 2, \cdots, k)$, 因为 $R_{(i:2i-1)}(t)$ 是 $T_{(i:2i-1)j}$ 的可靠度函数, 所以公式 (5.8) 说明了总体 T 的中位寿命 $\xi_{0.5}$ 也是 $T_{(i:2i-1)j}$ 的中位寿命.

基于非均等排序集样本的经验可靠度函数定义为

$$\hat{R}_{\text{RSSU}}(t) = \frac{1}{n} \sum_{i=1}^{m} \sum_{j=1}^{k} I\{T_{(i:2i-1)j} > t\}, \tag{5.9}$$

其中 $I\{\cdot\}$ 表示示性函数.

令

$$T_{(1:n)}^* \leqslant T_{(2:n)}^* \leqslant \cdots \leqslant T_{(n:n)}^*$$

为非均等排序集样本 $T_{(i:2i-1)j}$, $i = 1, 2, \cdots, m; j = 1, 2, \cdots, k$ 从小到大的次序观测值, 经验可靠度函数 $\hat{R}_{\text{RSSU}}(t)$ 可以按下式计算:

$$\hat{R}_{\text{RSSU}}(t) = \begin{cases} 1, & 0 \leqslant t < T_{(1:n)}^*, \\ 1 - \dfrac{i}{n}, & T_{(i:n)}^* \leqslant t < T_{(i+1:n)}^*, \\ 0, & t \geqslant T_{(n:n)}^*. \end{cases}$$

当样本观测值固定时, $\hat{R}_{\text{RSSU}}(t)$ 是一个可靠度函数, 取值范围介于 0 到 1 之间, 且是一个非增函数, 它只在 $T_{(i:n)}^*$ 处跳跃. 对于不同的样本观测值, 得到的经验可靠度函数也不相同.

令 $\hat{R}_{(i:2i-1)}(t)$ 表示基于 $T_{(i:2i-1)1}$, $T_{(i:2i-1)2}$, $\cdots$, $T_{(i:2i-1)k}$ 的经验可靠度函数, 即

$$\hat{R}_{(i:2i-1)}(t) = \frac{1}{k} \sum_{j=1}^{k} I\{T_{(i:2i-1)j} > t\}, \quad i = 1, 2, \cdots, m.$$

再根据公式 (5.9) 和 $n = mk$, 得

$$\hat{R}_{\text{RSSU}}(t) = \frac{1}{m} \sum_{i=1}^{m} \left[\frac{1}{k} \sum_{j=1}^{k} I\{T_{(i:2i-1)j} > t\} \right] = \frac{1}{m} \sum_{i=1}^{m} \hat{R}_{(i:2i-1)}(t). \tag{5.10}$$

由公式 (5.8) 知, 总体中位寿命 $\xi_{0.5}$ 的估计问题可转化为估计非均等排序集样本的中位寿命. 这样采用经验函数估计方法, 利用公式 (5.9) 给出的经验可靠度函数 $\hat{R}_{\mathrm{RSSU}}(t)$, RSSU 下总体中位寿命 $\xi_{0.5}$ 的非参数估计量定义为

$$\hat{\xi}_{\mathrm{RSSU}}(0.5) = \sup\left\{t : \hat{R}_{\mathrm{RSSU}}(t) > 0.5\right\}$$

$$= \sup\left\{t : \sum_{i=1}^{m}\sum_{j=1}^{k} I\{T_{(i:2i-1)}(t) > t\} > 0.5n\right\}. \tag{5.11}$$

5.2.2　强相合性

首先陈述一个重要的引理.

引理 5.1[12] (Berry-Esseen 中心极限定理)　若 $X_1, X_2, \cdots, X_n$ 为独立同分布的随机变量, 它们的均值为 μ, 方差为 $\sigma^2 > 0$. 则对于所有的 n, 有

$$\sup_{t}\left|P\left(\frac{\sum_{i=1}^{n} X_j - n\mu}{\sqrt{n}\sigma} \leqslant t\right) - \Phi(t)\right| \leqslant \frac{33}{4}\frac{E|X_1 - \mu|^3}{\sigma^3\sqrt{n}},$$

其中 $\Phi(t)$ 为标准正态分布的分布函数, 即

$$\Phi(t) = \frac{1}{\sqrt{2\pi}}\int_{-\infty}^{t} \mathrm{e}^{-\frac{x^2}{2}}\mathrm{d}x.$$

下面的定理证明了当估计总体中位寿命 $\xi_{0.5}$ 时, 估计量 $\hat{\xi}_{\mathrm{RSSU}}(0.5)$ 具有强相合性.

定理 5.1　对于任意给定的排序小组数 m, 以概率 1, 有

$$\lim_{n\to\infty}\hat{\xi}_{\mathrm{RSSU}}(0.5) = \xi_{0.5}.$$

证明　根据总体可靠度函数 $R(t) = P(T > t)$ 的非增性, 对于任意给定的正数 ε, 有

$$R(\xi_{0.5} - \varepsilon) \geqslant R(\xi_{0.5}) \geqslant R(\xi_{0.5} + \varepsilon).$$

因为 $R(\xi_{0.5}) = 0.5$, 所以

$$R(\xi_{0.5} - \varepsilon) \geqslant 0.5 \geqslant R(\xi_{0.5} + \varepsilon).$$

而由经验可靠度函数 $\hat{R}_{\mathrm{RSSU}}(t)$ 的性质知, 对给定的 $\xi_{0.5} - \varepsilon$ 和 $\xi_{0.5} + \varepsilon$, 以概率 1 有

$$\lim_{n\to\infty}\hat{R}_{\mathrm{RSSU}}(\xi_{0.5} - \varepsilon) = R(\xi_{0.5} - \varepsilon),$$

$$\lim_{n \to \infty} \hat{R}_{\mathrm{RSSU}}(\xi_{0.5} + \varepsilon) = R(\xi_{0.5} + \varepsilon).$$

这样, 当 $n \to \infty$ 时,

$$P\left(\hat{R}_{\mathrm{RSSU}}(\xi_{0.5} - \varepsilon) \geqslant 0.5 \geqslant \hat{R}_{\mathrm{RSSU}}(\xi_{0.5} + \varepsilon), \ \text{对一切} \ l > n\right) \to 1.$$

再由 $\hat{R}_{\mathrm{RSSU}}(t)$ 的非增性, 得当 $n \to \infty$ 时,

$$P\left(\xi_{0.5} - \varepsilon \leqslant \hat{R}_{\mathrm{RSSU}}(0.5) \leqslant \xi_{0.5} + \varepsilon, \ \text{对一切} \ l > n\right) \to 1,$$

于是

$$P\left(\sup_{l \geqslant n} \left|\hat{\xi}_{\mathrm{RSSU}}(0.5) - \xi_{0.5}\right| \leqslant \varepsilon\right) \to 1, \quad n \to \infty. \qquad \text{证毕}$$

5.2.3　渐近正态性

首先计算 RSSU 下经验可靠度函数 $\hat{R}_{\mathrm{RSSU}}(t)$ 的数学期望和方差.

根据公式 (5.9)、非均等排序集样本的独立性、$T_{(i:2i-1)1}, T_{(i:2i-1)2}, \cdots, T_{(i:2i-1)k}$ 的同分布性以及 $n = mk$, 得

$$
\begin{aligned}
E[\hat{R}_{\mathrm{RSSU}}(t)] &= \frac{1}{n} E\left[\sum_{i=1}^{m} \sum_{j=1}^{k} I\{T_{(i:2i-1)j} > t\}\right] \\
&= \frac{k}{n} \sum_{i=1}^{m} E\left[I\{T_{(i:2i-1)1} > t\}\right] \\
&= \frac{1}{m} \sum_{i=1}^{m} P(T_{(i:2i-1)1} > t) \\
&= \frac{1}{m} \sum_{i=1}^{m} R_{(i:2i-1)}(t). \qquad (5.12)
\end{aligned}
$$

$$
\begin{aligned}
\mathrm{Var}[\hat{R}_{\mathrm{RSSU}}(t)] &= \frac{1}{n^2} \mathrm{Var}\left[\sum_{i=1}^{m} \sum_{j=1}^{k} I\{T_{(i:2i-1)j} > t\}\right] \\
&= \frac{k}{n^2} \sum_{i=1}^{m} \mathrm{Var}\left[I\{T_{(i:2i-1)1} > t\}\right] \\
&= \frac{1}{nm} \sum_{i=1}^{m} \left[E[I\{T_{(i:2i-1)1} > t\}]^2 - E^2[I\{T_{(i:2i-1)1} > t\}]\right] \\
&= \frac{1}{nm} \sum_{i=1}^{m} \left[E[I\{T_{(i:2i-1)1} > t\}] - E^2[I\{T_{(i:2i-1)1} > t\}]\right]
\end{aligned}
$$

$$= \frac{1}{nm} \sum_{i=1}^{m} \left[P(T_{(i:2i-1)1} > t) - P^2(T_{(i:2i-1)1} > t) \right]$$

$$= \frac{1}{nm} \sum_{i=1}^{m} P(T_{(i:2i-1)1} > t)[1 - P(T_{(i:2i-1)1} > t)]$$

$$= \frac{1}{nm} \sum_{i=1}^{m} R_{(i:2i-1)}(t)[1 - R_{(i:2i-1)}(t)]. \tag{5.13}$$

特别地, 当 $t = \xi_{0.5}$ 时, 根据公式 (5.8)、(5.12) 和 (5.13), 得

$$E[\hat{R}_{\mathrm{RSSU}}(\xi_{0.5})] = \frac{1}{m} \sum_{i=1}^{m} R_{(i:2i-1)}(\xi_{0.5}) = \frac{1}{2},$$

$$\mathrm{Var}[\hat{R}_{\mathrm{RSSU}}(\xi_{0.5})] = \frac{1}{nm} \sum_{i=1}^{m} R_{(i:2i-1)}(\xi_{0.5})[1 - R_{(i:2i-1)}(\xi_{0.5})] = \frac{1}{4n}. \tag{5.14}$$

下面的定理证明了当估计总体中位寿命 $\xi_{0.5}$ 时, 估计量 $\hat{\xi}_{\mathrm{RSSU}}(0.5)$ 具有渐近正态性, 并给出了 $\sqrt{n}\hat{\xi}_{\mathrm{RSSU}}(0.5)$ 的渐近方差.

定理 5.2   如果总体密度函数 $f(t)$ 在 $\xi_{0.5}$ 点连续, 那么对于给定的排序小组数 m, 当 $n \to \infty (k \to \infty)$ 时, 有

$$\sqrt{n}(\hat{\xi}_{\mathrm{RSSU}}(0.5) - \xi_{0.5}) \xrightarrow{L} N\left(0, \sigma_{\mathrm{RSSU}}^2(0.5)\right),$$

其中

$$\sigma_{\mathrm{RSSU}}^2(0.5) = \frac{m^2}{64 f^2(\xi_{0.5}) \left[\sum\limits_{i=1}^{m} \frac{i}{4^i} \left(\begin{array}{c} 2i-1 \\ i \end{array} \right) \right]^2}. \tag{5.15}$$

证明   对于给定的 m 和 t, 令

$$D = \frac{\sqrt{n \mathrm{Var}[\hat{R}_{\mathrm{RSSU}}(t)]}}{\mathrm{d}E[\hat{R}_{\mathrm{RSSU}}(t)]/\mathrm{d}t} \Bigg|_{t=\xi_{0.5}}.$$

根据公式 (5.12) 和 (5.14), 得

$$D = \frac{\sqrt{n \mathrm{Var}[\hat{R}_{\mathrm{RSSU}}(\xi_{0.5})]}}{m^{-1} \sum\limits_{i=1}^{m} f_{(i:2i-1)}(\xi_{0.5})} = \frac{m}{2 \sum\limits_{i=1}^{m} f_{(i:2i-1)}(\xi_{0.5})}. \tag{5.16}$$

对任给的 t, 记

$$G_n(t) = P\left(\frac{\sqrt{n}(\hat{\xi}_{\mathrm{RSSU}}(0.5) - \xi_{0.5})}{D} \leqslant t \right), \tag{5.17}$$

根据公式 (5.11) 和 (5.17), 有

$$
\begin{aligned}
G_n(t) &= P\left(\hat{\xi}_{\mathrm{RSSU}}(0.5) \leqslant \xi_{0.5} + tn^{-1/2}D\right), \\
&= P\left(0.5 \geqslant \hat{R}_{\mathrm{RSSU}}(\xi_{0.5} + tn^{-1/2}D)\right) \\
&= P\left(n\hat{R}_{\mathrm{RSSU}}(\xi_{0.5} + tn^{-1/2}D) \leqslant 0.5n\right).
\end{aligned}
$$

再根据公式 (5.10), 得

$$
n\hat{R}_{\mathrm{RSSU}}(\xi_{0.5} + tn^{-1/2}D) = \sum_{j=1}^{k}\left[\sum_{i=1}^{m} I\{T_{(i:2i-1)j} > \xi_{0.5} + tn^{-1/2}D\}\right] = \sum_{j=1}^{k} Z_j,
$$

其中

$$
Z_j = \sum_{i=1}^{m} I\{T_{(i:2i-1)j} > \xi_{0.5} + tn^{-1/2}D\}, \quad j = 1, 2, \cdots, k.
$$

显然, $Z_1, Z_2, \cdots, Z_k$ 是独立同分布的随机变量. 对于任意给定的 $j(j = 1, 2, \cdots, k)$, 有

$$
\begin{aligned}
E(Z_j) &= \sum_{i=1}^{m} E[I\{T_{(i:2i-1)j} > \xi_{0.5} + tn^{-1/2}D\}] \\
&= \sum_{i=1}^{m} P\{T_{(i:2i-1)j} > \xi_{0.5} + tn^{-1/2}D\} \\
&= \sum_{i=1}^{m} R_{(i:2i-1)}(\xi_{0.5} + tn^{-1/2}D) \quad (5.18)
\end{aligned}
$$

和

$$
\begin{aligned}
\mathrm{Var}(Z_j) &= \sum_{i=1}^{m} \mathrm{Var}[I\{T_{(i:2i-1)j} > \xi_{0.5} + tn^{-1/2}D\}] \\
&= \sum_{i=1}^{m} P(T_{(i:2i-1)j} > \xi_{0.5} + tn^{-1/2}D)\left[1 - P(T_{(i:2i-1)j} > \xi_{0.5} + tn^{-1/2}D)\right] \\
&= \sum_{i=1}^{m} R_{(i:2i-1)}(\xi_{0.5} + tn^{-1/2}D)\left[1 - R_{(i:2i-1)}(\xi_{0.5} + tn^{-1/2}D)\right]. \quad (5.19)
\end{aligned}
$$

根据引理 5.1, 有

$$
\sup_t \left| P\left\{\frac{\sum_{j=1}^{k} Z_j - kE(Z_1)}{\sqrt{k\mathrm{Var}(Z_1)}} \leqslant t\right\} - \Phi(t)\right| \leqslant \frac{33}{4\sqrt{k}} E|W|^3, \quad (5.20)
$$

其中

$$W = \frac{Z_1 - E(Z_1)}{\sqrt{\mathrm{Var}(Z_1)}}.$$

同时, 有

$$G_n(t) = P\left\{ \frac{\displaystyle\sum_{j=1}^{k} Z_j - kE(Z_1)}{\sqrt{k\mathrm{Var}(Z_1)}} \leqslant \frac{np - kE(Z_1)}{\sqrt{k\mathrm{Var}(Z_1)}} \right\}. \tag{5.21}$$

若记

$$B_{nt} = \frac{kE(Z_1) - 0.5n}{\sqrt{k\mathrm{Var}(Z_1)}}, \tag{5.22}$$

则

$$\begin{aligned}
|G_n(t) - \Phi(t)| &= |G_n(t) - \Phi(-B_{nt}) + \Phi(-B_{nt}) - \Phi(t)| \\
&\leqslant |G_n(t) - \Phi(-B_{nt})| + |\Phi(t) - \Phi(-B_{nt})|,
\end{aligned} \tag{5.23}$$

由公式 (5.20)—(5.23), 知

$$|G_n(t) - \Phi(-B_{nt})| \to 0, \quad n \to \infty. \tag{5.24}$$

根据公式 (5.18) 和 (5.22), 得

$$\begin{aligned}
B_{nt} &= \frac{k\displaystyle\sum_{i=1}^{m} R_{(i:2i-1)}(\xi_{0.5} + tn^{-1/2}D) - 0.5n}{\sqrt{k\mathrm{Var}(Z_1)}} \\[2mm]
&= \frac{\sqrt{nm^{-1}}\displaystyle\sum_{i=1}^{m} [R_{(i:2i-1)}(\xi_{0.5} + tn^{-1/2}D) - 0.5]}{\sqrt{\mathrm{Var}(Z_1)}} \\[2mm]
&= \frac{\sqrt{n}\displaystyle\sum_{i=1}^{m} [R_{(i:2i-1)}(\xi_{0.5} + tn^{-1/2}D) - R_{(i:2i-1)}(\xi_{0.5})]}{\sqrt{m\mathrm{Var}(Z_1)}} \\[2mm]
&= \frac{tD}{\sqrt{m\mathrm{Var}(Z_1)}} \sum_{i=1}^{m} \frac{[R_{(i:2i-1)}(\xi_{0.5} + tn^{-1/2}D) - R_{(i:2i-1)}(\xi_{0.5})]}{tn^{-1/2}D}.
\end{aligned} \tag{5.25}$$

根据公式 (5.19) 和 $R(t)$ 在 ξ_p 的连续性, 当 $n \to \infty$ 时, 有

$$\mathrm{Var}(Z_1) = \sum_{i=1}^{m} R_{(i:2i-1)}(\xi_{0.5} + tn^{-1/2}D)[1 - R_{(i:2i-1)}(\xi_{0.5} + tn^{-1/2}D)]$$

$$\to \sum_{i=1}^{m} R_{(i:2i-1)}(\xi_{0.5})[1 - R_{(i:2i-1)}(\xi_{0.5})] = \frac{m}{4}. \tag{5.26}$$

又当 $n \to \infty$ 时,

$$\sum_{i=1}^{m} \frac{[R_{(i:2i-1)}(\xi_{0.5} + tn^{-1/2}D) - R_{(i:2i-1)}(\xi_{0.5})]}{tn^{-1/2}D} \to \sum_{i=1}^{m} R'_{(i:2i-1)}(\xi_{0.5})$$

$$= -\sum_{i=1}^{m} f_{(i:2i-1)}(\xi_{0.5}). \tag{5.27}$$

根据公式 (5.17), (5.25)~(5.27), 当 $n \to \infty$ 时,

$$-B_{nt} = \frac{tD}{\sqrt{mVar(Z_1)}} \sum_{i=1}^{m} \frac{[R_{(i:2i-1)}(\xi_{0.5} + tn^{-1/2}D) - R_{(i:2i-1)}(\xi_{0.5})]}{tn^{-1/2}D}$$

$$\to \frac{2tD}{m} \sum_{i=1}^{m} f_{(i:2i-1)}(\xi_{0.5}) = t.$$

于是, 当 $n \to \infty$ 时,

$$|\Phi(t) - \Phi(-B_{nt})| \to |\Phi(t) - \Phi(t)| = 0. \tag{5.28}$$

根据公式 (5.23), (5.24) 和 (5.28), 当 $n \to \infty$ 时, 有

$$|G_n(t) - \Phi(t)| \to 0.$$

因此, 当 $n \to \infty$ 时, 有

$$G_n(t) = P\left\{\frac{\sqrt{n}(\hat{\xi}_{\text{RSSU}}(0.5) - \xi_{0.5})}{D} \leqslant t\right\} \xrightarrow{L} \Phi(t).$$

因此, 当 $n \to \infty$ 时, 有

$$\frac{\sqrt{n}(\hat{\xi}_{\text{RSSU}}(0.5) - \xi_{0.5})}{D} \xrightarrow{L} N(0, 1).$$

根据公式 (5.17), 当 $n \to \infty$ 时, 有

$$\sqrt{n}(\hat{\xi}_{\text{RSSU}}(0.5) - \xi_{0.5}) \xrightarrow{L} N\left(0, \frac{m^2}{4\left[\sum_{i=1}^{m} f_{(i:2i-1)}(\xi_{0.5})\right]^2}\right).$$

再由根据公式 (5.3) 知, $\sqrt{n}\hat{\xi}_{\text{RSSU}}(0.5)$ 的渐近方差为

$$\sigma^2_{\text{RSSU}}(0.5) = \frac{m^2}{4\left[\sum\limits_{i=1}^{m} f_{(i:2i-1)}(\xi_{0.5})\right]^2} = \frac{m^2}{64 f^2(\xi_{0.5})\left[\sum\limits_{i=1}^{m} \dfrac{i}{4^i}\left(\begin{array}{c} 2i-1 \\ i \end{array}\right)\right]^2}. \qquad 证毕$$

由公式 (5.15) 知, $\sqrt{n}\hat{\xi}_{\text{RSSU}}(0.5)$ 的渐近方差只与 $f(\xi_{0.5})$ 和 m 有关.

5.2.4 渐近相对效率

令 $T_1, T_2, \cdots, T_n$ 为抽自总体 T 的简单随机样本, SRS 下总体中位寿命 $\xi_{0.5}$ 的估计量定义为

$$\hat{\xi}_{\text{SRS}}(0.5) = \sup\left\{t: \hat{R}_{\text{SRS}}(t) > 0.5\right\}$$
$$= \sup\left\{t: \sum_{i=1}^{n}\{T_i > t\} > 0.5n\right\},$$

其中

$$\hat{R}_{\text{SRS}}(t) = \frac{1}{n}\sum_{i=1}^{n}\{T_i > t\}$$

表示基于简单随机样本的经验可靠度函数.

下面的定理说明了当估计总体中位寿命 $\xi_{0.5}$ 时, 估计量 $\hat{\xi}_{\text{SRS}}(0.5)$ 具有强相合性和渐近正态性, 并给出了 $\sqrt{n}\hat{\xi}_{\text{SRS}}(0.5)$ 的渐近方差.

定理 5.3　若总体密度函数 $f(t)$ 在 $\xi_{0.5}$ 点连续, 则

(1) 以概率 1, 有
$$\lim_{n\to\infty} \hat{\xi}_{\text{SRS}}(0.5) = \xi_{0.5}.$$

(2) 当 $n \to \infty$ 时, 有
$$\sqrt{n}(\hat{\xi}_{\text{SRS}}(0.5) - \xi_{0.5}) \xrightarrow{L} N\left(0, \sigma^2_{\text{SRS}}(0.5)\right),$$

其中
$$\sigma^2_{\text{SRS}}(0.5) = \frac{1}{4f^2(\xi_{0.5})}. \tag{5.29}$$

证明　可由文献 [12] 中定理 1.8 直接推证.　　　　　　　　　　证毕

令 $T_{(i)j}, i = 1, 2, \cdots, m; j = 1, 2, \cdots, k$ 为抽自总体 T 的标准排序集样本, 样本量为 $n = mk$. 令

$$\hat{R}_{\text{SRSS}}(t) = \frac{1}{n}\sum_{i=1}^{m}\sum_{j=1}^{k} I\{T_{(i)j} > t\}$$

表示基于标准排序集样本的经验可靠度函数.

基于标准排序集样本, 总体中位寿命 $\xi_{0.5}$ 的估计量定义为

$$\hat{\xi}_{\text{SRSS}}(0.5) = \sup\left\{t : \hat{R}_{\text{SRSS}}(t) > 0.5\right\}$$

$$= \sup\left\{t : \sum_{i=1}^{m}\sum_{j=1}^{k} I\{T_{(i)} > t\} > 0.5n\right\}.$$

下面的定理说明了当估计总体中位寿命 $\xi_{0.5}$ 时, 估计量 $\hat{\xi}_{\text{SRSS}}(0.5)$ 具有强相合性和渐近正态性, 并给出了 $\sqrt{n}\hat{\xi}_{\text{SRSS}}(0.5)$ 的渐近方差.

定理 5.4   若总体密度函数 $f(t)$ 在 $\xi_{0.5}$ 点连续, 则

(1) 以概率 1, 有

$$\lim_{n\to\infty}\hat{\xi}_{\text{SRSS}}(0.5) = \xi_{0.5}.$$

(2) 当 $n \to \infty$ 时, 有

$$\sqrt{n}(\hat{\xi}_{\text{SRSS}}(0.5) - \xi_{0.5}) \xrightarrow{L} N\left(0,\ \sigma_{\text{SRSS}}^2(0.5)\right),$$

其中

$$\sigma_{\text{SRSS}}^2(0.5) = \frac{1}{mf^2(\xi_{0.5})}\sum_{i=1}^{m} i^2 \binom{m}{i}^2 \int_0^{0.5} x^{i-1}(1-x)^{m-i}\mathrm{d}x \int_0^{0.5} x^{m-i}(1-x)^{i-1}\mathrm{d}x.$$

$$(5.30)$$

证明   可由文献 [1] 中定理 2.6 和定理 2.8 直接推证.   证毕

根据定理 5.2~定理 5.4, 估计量 $\hat{\xi}_{\text{RSSU}}(0.5)$, $\hat{\xi}_{\text{SRS}}(0.5)$ 和 $\hat{\xi}_{\text{SRSS}}(0.5)$ 的渐近方差分别为 $\sigma_{\text{RSSU}}^2(0.5)/\sqrt{n}$, $\sigma_{\text{SRS}}^2(0.5)/\sqrt{n}$ 和 $\sigma_{\text{SRSS}}^2(0.5)/\sqrt{n}$. 任意两个估计量的渐近相对效率定义为它们渐近方差比的倒数. 这样, 估计量 $\hat{\xi}_{\text{RSSU}}(0.5)$ 与 $\hat{\xi}_{\text{SRS}}(0.5)$ 的渐近相对效率为

$$\text{ARE}(\hat{\xi}_{\text{RSSU}}(0.5),\ \hat{\xi}_{\text{SRS}}(0.5)) = \left[\frac{\sigma_{\text{RSSU}}^2(0.5)/\sqrt{n}}{\sigma_{\text{SRS}}^2(0.5)/\sqrt{n}}\right]^{-1} = \frac{\sigma_{\text{SRS}}^2(0.5)}{\sigma_{\text{RSSU}}^2(0.5)}, \qquad (5.31)$$

估计量 $\hat{\xi}_{\text{RSSU}}(0.5)$ 与 $\hat{\xi}_{\text{SRSS}}(0.5)$ 的渐近相对效率为

$$\text{ARE}(\hat{\xi}_{\text{RSSU}}(0.5),\ \hat{\xi}_{\text{SRSS}}(0.5)) = \left[\frac{\sigma_{\text{RSSU}}^2(0.5)/\sqrt{n}}{\sigma_{\text{SRSS}}^2(0.5)/\sqrt{n}}\right]^{-1} = \frac{\sigma_{\text{SRSS}}^2(0.5)}{\sigma_{\text{RSSU}}^2(0.5)}. \qquad (5.32)$$

将公式 (5.15) 和 (5.29) 代入公式 (5.31), 整理后得

$$\text{ARE}(\hat{\xi}_{\text{RSSU}}(0.5),\ \hat{\xi}_{\text{SRS}}(0.5)) = \frac{16}{m^2}\left[\sum_{i=1}^{m} i4^{-i}\binom{2i-1}{i}\right]^2.$$

显然, $\mathrm{ARE}(\hat{\xi}_{\mathrm{RSSU}}(0.5), \hat{\xi}_{\mathrm{SRS}}(0.5))$ 的值仅与排序小组数 m 有关.

将公式 (5.15) 和 (5.30) 代入公式 (5.32), 整理后得

$$
\mathrm{ARE}(\hat{\xi}_{\mathrm{RSSU}}(0.5), \hat{\xi}_{\mathrm{SRSS}}(0.5))
$$

$$
= \frac{64\left[\sum_{i=1}^{m} \dfrac{i}{4^i}\begin{pmatrix}2i-1\\i\end{pmatrix}\right]^2}{m^3 \sum_{i=1}^{m} i^2 \begin{pmatrix}m\\i\end{pmatrix}^2 \displaystyle\int_0^{0.5} x^{i-1}(1-x)^{m-i}\mathrm{d}x \int_0^{0.5} x^{m-i}(1-x)^{i-1}\mathrm{d}x}.
$$

显然, $\mathrm{ARE}(\hat{\xi}_{\mathrm{RSSU}}(0.5), \hat{\xi}_{\mathrm{SRSS}}(0.5))$ 的值仅与排序小组数 m 有关.

表 5.1 给出当 $m = 2(1)10$ 时 $\mathrm{ARE}(\hat{\xi}_{\mathrm{RSSU}}(0.5), \hat{\xi}_{\mathrm{SRS}}(0.5))$ 和 $\mathrm{ARE}(\hat{\xi}_{\mathrm{RSSU}}(0.5), \hat{\xi}_{\mathrm{SRSS}}(0.5))$ 的值. 从表中可以看出:

(i) 对于任意给定的排序小组数 m, $\mathrm{ARE}(\hat{\xi}_{\mathrm{RSSU}}(0.5), \hat{\xi}_{\mathrm{SRS}}(0.5)) > 1$, 以及 $\mathrm{ARE}(\hat{\xi}_{\mathrm{RSSU}}(0.5), \hat{\xi}_{\mathrm{SRSS}}(0.5)) > 1$, 这些说明 RSSU 下估计量 $\hat{\xi}_{\mathrm{RSSU}}(0.5)$ 的估计效率不仅高于 SRS 下估计量 $\hat{\xi}_{\mathrm{SRS}}(0.5)$, 也高于 SRSS 下估计量 $\hat{\xi}_{\mathrm{SRSS}}(0.5)$, 例如当 $m = 6$ 时, $\hat{\xi}_{\mathrm{RSSU}}(0.5)$ 的估计效率是 $\hat{\xi}_{\mathrm{SRS}}(0.5)$ 的 3.8223 倍, 是 $\hat{\xi}_{\mathrm{SRSS}}(0.5)$ 的 1.7245 倍;

(ii) $\hat{\xi}_{\mathrm{RSSU}}(0.5)$ 相对于 $\hat{\xi}_{\mathrm{SRS}}(0.5)$ 和 $\hat{\xi}_{\mathrm{SRSS}}(0.5)$ 的优势都是随着排序小组数 m 的增大而增加.

表 5.1　中位寿命估计量的渐近相对效率

m	$\mathrm{ARE}(\hat{\xi}_{\mathrm{RSSU}}(0.5), \hat{\xi}_{\mathrm{SRS}}(0.5))$	$\mathrm{ARE}(\hat{\xi}_{\mathrm{RSSU}}(0.5), \hat{\xi}_{\mathrm{SRSS}}(0.5))$
2	1.5625	1.1719
3	2.1267	1.3292
4	2.6917	1.4720
5	3.2569	1.6030
6	3.8223	1.7245
7	4.3879	1.8383
8	4.9535	1.9455
9	5.5192	2.0473
10	6.0849	2.1443

5.3　中位寿命的非参数加权估计

5.3.1　加权估计量的定义

令 $T_{(i:2i-1)j}$, $i = 1, 2, \cdots, m; j = 1, 2, \cdots, k$ 为抽自 T 的非均等排序集样本, 样本量 $n = mk$. 考虑到对于给定的 $j\,(j = 1, 2, \cdots, k)$, $T_{(1:1)j}$, $T_{(2:3)j}$, $\cdots$, $T_{(m:2m-1)j}$ 是独立但不同分布的, 在公式 (5.11) 的基础上, 我们定义一个与秩次有

关的加权经验可靠度函数

$$\hat{R}_{\boldsymbol{\omega},\mathrm{RSSU}}(t) = \frac{1}{m}\sum_{i=1}^{m}\omega_i \hat{R}_{(i:2i-1)}(t)$$

$$= \frac{1}{n}\sum_{i=1}^{m}\sum_{j=1}^{k}\omega_i I\{T_{(i:2i-1)j} > t\}, \tag{5.33}$$

其中

$$\boldsymbol{\omega} = (\omega_1, \cdots, \omega_m)$$

是权向量, 并且满足

$$\sum_{i=1}^{m}\omega_i = m.$$

特别地, 当 $\omega_1 = \omega_2 = \cdots = \omega_m = 1$ 时,

$$\hat{R}_{\boldsymbol{\omega},\mathrm{RSSU}}(t) = \hat{R}_{\mathrm{RSSU}}(t).$$

基于 $T_{(i:2i-1)j}$ 的可靠度函数 $R_{(i)}(t)$(见公式 (5.4)), 定义

$$R_{\boldsymbol{\omega},\mathrm{RSSU}}(t) = \frac{1}{m}\sum_{i=1}^{m}\omega_i R_{(i:2i-1)}(t). \tag{5.34}$$

对于给定的排序小组数 m 和权向量 $\boldsymbol{\omega}$, $R_{\boldsymbol{\omega},\mathrm{RSSU}}(t)$ 可作为可靠度函数. 当 $t = \xi_{0.5}$ 时, 根据公式 (5.8) 和 $\sum_{i=1}^{m}\omega_i = m$, 得

$$R_{\boldsymbol{\omega},\mathrm{RSSU}}(\xi_{0.5}) = \frac{1}{m}\sum_{i=1}^{m}\omega_i R_{(i:2i-1)}(\xi_{0.5}) = 0.5. \tag{5.35}$$

采用经验函数估计方法, 利用公式 (5.33) 给出的经验可靠度函数 $\hat{R}_{\boldsymbol{\omega},\mathrm{RSSU}}(t)$, 我们定义 RSSU 下总体中位寿命 $\xi_{0.5}$ 的加权估计量为

$$\hat{\xi}_{\boldsymbol{\omega},\mathrm{RSSU}}(0.5) = \sup\{t : \hat{R}_{\boldsymbol{\omega},\mathrm{RSSU}}(t) > 0.5\}$$

$$= \sup\left\{t : \sum_{i=1}^{m}\sum_{j=1}^{k}\omega_i I\{T_{(i:2i-1)j} > t\} > 0.5n\right\}. \tag{5.36}$$

特别地, 当 $\omega_1 = \omega_2 = \cdots = \omega_m = 1$ 时, 有

$$\hat{\xi}_{\boldsymbol{\omega},\mathrm{RSSU}}(0.5) = \hat{\xi}_{\mathrm{RSSU}}(0.5).$$

5.3.2　强相合性和渐近正态性

首先计算 RSSU 下加权经验可靠度函数 $\hat{R}_{\boldsymbol{\omega},\mathrm{RSSU}}(t)$ 的数学期望和方差.

根据公式 (5.33)、非均等排序集样本的独立性以及 $T_{(i:2i-1)1}, T_{(i:2i-1)2}, \cdots,$ $T_{(i:2i-1)k}$ 的同分布性, 得

$$
\begin{aligned}
E\left[\hat{R}_{\boldsymbol{\omega},\mathrm{RSSU}}(t)\right] &= \frac{k}{n}\sum_{i=1}^{m}\omega_i E\left[I\{T_{(i:2i-1)1} > t\}\right] \\
&= \frac{1}{m}\sum_{i=1}^{m}\omega_i P(T_{(i:2i-1)1} > t) \\
&= \frac{1}{m}\sum_{i=1}^{m}\omega_i R_{(i:2i-1)}(t),
\end{aligned}
\tag{5.37}
$$

$$
\begin{aligned}
\mathrm{Var}\left[\hat{R}_{\boldsymbol{\omega},\mathrm{RSSU}}(t)\right] &= \frac{k}{n^2}\sum_{i=1}^{m}\omega_i^2 \mathrm{Var}\left[I\{T_{(i:2i-1)1} > t\}\right] \\
&= \frac{1}{nm}\sum_{i=1}^{m}\omega_i^2 P(T_{(i:2i-1)1} > t)[1 - P(T_{(i:2i-1)1} > t)] \\
&= \frac{1}{nm}\sum_{i=1}^{m}\omega_i^2 R_{(i:2i-1)}(t)[1 - R_{(i:2i-1)}(t)].
\end{aligned}
$$

特别地, 当 $t = \xi_{0.5}$ 时, 根据公式 (5.8) 和 (5.35), 得

$$
E\left[\hat{R}_{\boldsymbol{\omega},\mathrm{RSSU}}(\xi_{0.5})\right] = R_{\boldsymbol{\omega},\mathrm{RSSU}}(\xi_{0.5}) = \frac{1}{2},
$$

$$
\mathrm{Var}\left[\hat{R}_{\boldsymbol{\omega},\mathrm{RSSU}}(\xi_{0.5})\right] = \frac{1}{4nm}\sum_{i=1}^{m}\omega_i^2.
\tag{5.38}
$$

下面的定理说明了当估计总体中位寿命 $\xi_{0.5}$ 时, 加权估计量 $\hat{\xi}_{\boldsymbol{\omega},\mathrm{RSSU}}(0.5)$ 具有强相合性和渐近正态性, 并给出了 $\sqrt{n}\hat{\xi}_{\boldsymbol{\omega},\mathrm{RSSU}}(0.5)$ 的渐近方差.

定理 5.5　若总体密度函数 $f(t)$ 在 $\xi_{0.5}$ 点连续, 则

(1) 以概率 1, 有

$$
\lim_{n\to\infty}\hat{\xi}_{\boldsymbol{\omega},\mathrm{RSSU}}(0.5) = \xi_{0.5}.
$$

(2) 对于固定的 m, 当 $n \to \infty$ 时, 有

$$
\sqrt{n}(\hat{\xi}_{\boldsymbol{\omega},\mathrm{RSSU}}(0.5) - \xi_{0.5}) \xrightarrow{L} N(0, \sigma_{\boldsymbol{\omega},\mathrm{RSSU}}^2(0.5)),
$$

其中

$$\sigma^2_{\boldsymbol{\omega},\mathrm{RSSU}}(0.5) = \frac{m\sum_{i=1}^{m}\omega_i^2}{64f^2(\xi_{0.5})\left[\sum_{i=1}^{m}\omega_i i4^{-i}\begin{pmatrix}2i-1\\i\end{pmatrix}\right]^2}. \tag{5.39}$$

证明 定理的证明过程类似于定理 5.1 和定理 5.2 的证明. 另外, 根据公式 (5.37) 和 (5.38), $\sqrt{n}\hat{\xi}_{\boldsymbol{\omega},\mathrm{RSSU}}(0.5)$ 的渐近方差为

$$\sigma^2_{\boldsymbol{\omega},\mathrm{RSSU}}(0.5) = \frac{n\mathrm{Var}[\hat{R}_{\boldsymbol{\omega},\mathrm{RSSU}}(t)]}{\left\{\mathrm{d}E[\hat{R}_{\boldsymbol{\omega},\mathrm{RSSU}}(t)]/\mathrm{d}t\right\}^2}\Bigg|_{t=\xi_{0.5}}$$

$$= \frac{n\mathrm{Var}[\hat{R}_{\boldsymbol{\omega},\mathrm{RSSU}}(\xi_{0.5})]}{\left[m^{-1}\sum_{i=1}^{m}\omega_i f_{(i:2i-1)}(\xi_{0.5})\right]^2}$$

$$= \frac{m\sum_{i=1}^{m}\omega_i^2}{4\left[\sum_{i=1}^{m}\omega_i f_{(i:2i-1)}(\xi_{0.5})\right]^2}. \tag{5.40}$$

再将公式 (5.3) 代入公式 (5.40), 即可得公式 (5.39). 证毕

5.3.3 最优权向量

当给定非均等排序集样本时, 下面的定理给出了使得加权估计量 $\hat{\xi}_{\boldsymbol{\omega},\mathrm{RSSU}}(0.5)$ 的估计效率达到最大的最优权向量 $\boldsymbol{\omega}^*$.

定理 5.6 对于任意给定的排序小组数 m 和循环次数 k, 使 $\sqrt{n}\hat{\xi}_{\boldsymbol{\omega},\mathrm{RSSU}}(0.5)$ 的渐近方差 $\sigma^2_{\boldsymbol{\omega},\mathrm{RSSU}}(0.5)$ 达到最小的权向量是 $\boldsymbol{\omega}^* = (\omega_1^*, \omega_2^*, \cdots, \omega_m^*)$, 其中

$$\omega_i^* = \frac{mi4^{-i}\begin{pmatrix}2i-1\\i\end{pmatrix}}{\sum_{i=1}^{m}i4^{-i}\begin{pmatrix}2i-1\\i\end{pmatrix}}, \quad i=1,2,\cdots,m.$$

证明 令

$$h(\boldsymbol{\omega}) = \frac{64}{m}f^2(\xi_{0.5})\sigma^2_{\omega,\mathrm{RSSU}}(0.5)$$

和

$$b_i = i4^{-i}\begin{pmatrix}2i-1\\i\end{pmatrix}, \quad i=1,2,\cdots,m.$$

根据公式 (5.39) 和 Cauchy-Schwarz 不等式, 有

$$h(\boldsymbol{\omega}) = \frac{\displaystyle\sum_{i=1}^{m}\omega_i^2}{\left(\displaystyle\sum_{i=1}^{m}\omega_i b_i\right)^2} \geqslant \frac{1}{\displaystyle\sum_{i=1}^{m} b_i^2}.$$

令

$$\omega_i^* = \frac{mb_i}{\displaystyle\sum_{i=1}^{m} b_i} = \frac{mi4^{-i}\dbinom{2i-1}{i}}{\displaystyle\sum_{i=1}^{m} i4^{-i}\dbinom{2i-1}{i}}, \quad i=1,2,\cdots,m,$$

有

$$h(\boldsymbol{\omega}^*) = \frac{\displaystyle\sum_{i=1}^{m}\omega_i^{*2}}{\left(\displaystyle\sum_{i=1}^{m}\omega_i^* b_i\right)^2} = \frac{\displaystyle\sum_{i=1}^{m}\left(\dfrac{mb_i}{\displaystyle\sum_{i=1}^{m} b_i}\right)^2}{\left(\displaystyle\sum_{i=1}^{m}\dfrac{mb_i^2}{\displaystyle\sum_{i=1}^{m} b_i}\right)^2}$$

$$= \frac{1}{\displaystyle\sum_{i=1}^{m} b_i^2} = \frac{1}{\displaystyle\sum_{i=1}^{m}\left[i4^{-i}\dbinom{2i-1}{i}\right]^2}.$$

因此, $\boldsymbol{\omega}^* = (\omega_1^*, \omega_2^*, \cdots, \omega_m^*)$ 是使 $\sigma_{\boldsymbol{\omega},\mathrm{RSSU}}^2(0.5)$ 达到最小的权向量.　　　　证毕

由定理 5.6 知, 最优权数 ω_i^* 仅与 m 和 i 有关, 而不依赖于总体分布, 这说明最优权数是适应任意分布的.

表 5.2 给出了当 $m = 2(1)10$ 时 $\hat{\xi}_{\boldsymbol{\omega},\mathrm{RSSU}}(0.5)$ 的最优权数. 可以看出对于任意给定的 m, 最优权数 ω_i^*, $i = 1, 2, \cdots, m$ 随着秩序 i 的增大而增大.

表 5.2　非均等排序集抽样下中位寿命加权估计量的最优权数

m	ω_1^*	ω_2^*	ω_3^*	ω_4^*	ω_5^*	ω_6^*	ω_7^*	ω_8^*	ω_9^*	ω_{10}^*
2	0.800	1.200								
3	0.686	1.028	1.286							
4	0.610	0.914	1.143	1.333						
5	0.554	0.831	1.039	1.212	1.364					
6	0.511	0.767	0.959	1.119	1.259	1.385				

m	ω_1^*	ω_2^*	ω_3^*	ω_4^*	ω_5^*	ω_6^*	ω_7^*	ω_8^*	ω_9^*	ω_{10}^*
7	0.478	0.716	0.895	1.044	1.175	1.292	1.400			
8	0.449	0.674	0.842	0.983	1.106	1.216	1.318	1.412		
9	0.426	0.638	0.789	0.931	1.048	1.152	1.248	1.337	1.421	
10	0.405	0.608	0.760	0.887	0.998	1.097	1.189	1.274	1.353	1.429

5.3.4 渐近相对效率

由定理 5.6 知, RSSU 下最优加权估计量 $\hat{\xi}_{\boldsymbol{\omega}^*,\mathrm{RSSU}}(0.5)$ 的渐近方差为

$$
\begin{aligned}
\frac{\sigma^2_{\boldsymbol{\omega}^*,\mathrm{RSSU}}(0.5)}{\sqrt{n}} &= \frac{mh(\boldsymbol{\omega}^*)}{64\sqrt{n}f^2(\xi_{0.5})} \\
&= \frac{m}{64\sqrt{n}f^2(\xi_{0.5})\sum_{i=1}^{m}\left[i4^{-i}\begin{pmatrix}2i-1\\i\end{pmatrix}\right]^2}.
\end{aligned} \tag{5.41}
$$

再根据定理 5.2, 最优加权估计量 $\hat{\xi}_{\boldsymbol{\omega}^*,\mathrm{RSSU}}(0.5)$ 与估计量 $\hat{\xi}_{\mathrm{RSSU}}(0.5)$ 的渐近相对效率定义为它们渐近方差比的倒数, 即

$$
\mathrm{ARE}(\hat{\xi}_{\boldsymbol{\omega}^*,\mathrm{RSSU}}(0.5),\,\hat{\xi}_{\mathrm{RSSU}}(0.5)) = \left[\frac{\sigma^2_{\boldsymbol{\omega}^*,\mathrm{RSSU}}(0.5)/\sqrt{n}}{\sigma^2_{\mathrm{RSSU}}(0.5)/\sqrt{n}}\right]^{-1} = \frac{\sigma^2_{\mathrm{RSSU}}(0.5)}{\sigma^2_{\boldsymbol{\omega}^*,\mathrm{RSSU}}(0.5)}. \tag{5.42}
$$

将公式 (5.15) 和 (5.41) 代入公式 (5.42), 整理后得

$$
\mathrm{ARE}(\hat{\xi}_{\boldsymbol{\omega}^*,\mathrm{RSSU}}(0.5),\,\hat{\xi}_{\mathrm{RSSU}}(0.5)) = \frac{m\sum_{i=1}^{m}\left[i4^{-i}\begin{pmatrix}2i-1\\i\end{pmatrix}\right]^2}{\left[\sum_{i=1}^{m}i4^{-i}\begin{pmatrix}2i-1\\i\end{pmatrix}\right]^2}.
$$

显然, $\mathrm{ARE}(\hat{\xi}_{\boldsymbol{\omega}^*,\mathrm{RSSU}}(0.5),\,\hat{\xi}_{\mathrm{RSSU}}(0.5))$ 的取值只与排序小组数 m 有关.

为了与 RSSU 下其他加权估计量进行比较, 我们考虑 Bhoj[4] 推荐的三种权重向量:

$$
\boldsymbol{\omega}_s = (\omega_{1s},\,\cdots,\,\omega_{is},\,\cdots,\,\omega_{ms}),\quad s=1,\,2,\,3,
$$

其中

$$
\omega_{is} = \frac{8i-4+s}{4m+s},\quad i=1,\,2,\,\cdots,\,m. \tag{5.43}
$$

根据定理 5.5 和公式 (5.43), 三种权重向量的估计量 $\hat{\xi}_{\boldsymbol{\omega}_s,\mathrm{RSSU}}(0.5)$ 的渐近方差为

$$
\frac{\sigma^2_{\boldsymbol{\omega}_s,\mathrm{RSSU}}(0.5)}{\sqrt{n}}
$$

$$= \cfrac{m\sum\limits_{i=1}^{m}\omega_{is}^2}{64\sqrt{n}f^2(\xi_{0.5})\left[\sum\limits_{i=1}^{m}\omega_{is}i4^{-i}\dbinom{2i-1}{i}\right]^2}$$

$$= \cfrac{m\sum\limits_{i=1}^{m}\left(\cfrac{8i-4+s}{4m+s}\right)^2}{64\sqrt{n}f^2(\xi_{0.5})\left[\sum\limits_{i=1}^{m}i4^{-i}\cfrac{8i-4+s}{4m+s}\dbinom{2i-1}{i}\right]^2}, \quad s=1,\,2,\,3. \quad (5.44)$$

根据公式 (5.41) 和 (5.44), $\hat{\xi}_{\boldsymbol{\omega}^*,\text{RSSU}}(0.5)$ 与 $\hat{\xi}_{\boldsymbol{\omega}_s,\text{RSSU}}(0.5)$ 的渐近相对效率为

$$\text{ARE}(\hat{\xi}_{\boldsymbol{\omega}^*,\text{RSSU}}(0.5),\,\hat{\xi}_{\boldsymbol{\omega}_s,\text{RSSU}}(0.5)) = \frac{\sigma^2_{\boldsymbol{\omega}_s,\text{RSSU}}(0.5)}{\sigma^2_{\boldsymbol{\omega}^*,\text{RSSU}}(0.5)}$$

$$= \cfrac{\left\{\sum\limits_{i=1}^{m}\left[i4^{-i}\dbinom{2i-1}{i}\right]^2\right\}\cdot\left[\sum\limits_{i=1}^{m}\left(\cfrac{8i-4+s}{4m+s}\right)^2\right]}{\left[\sum\limits_{i=1}^{m}i4^{-i}\cfrac{8i-4+s}{4m+s}\dbinom{2i-1}{i}\right]^2}, \quad s=1,\,2,\,3.$$

显然, $\text{ARE}(\hat{\xi}_{\boldsymbol{\omega}^*,\text{RSSU}}(0.5),\,\hat{\xi}_{\boldsymbol{\omega}_s,\text{RSSU}}(0.5))$ 的取值只与排序小组数 m 有关.

表 5.3 给出了当 $m = 2(1)10$ 时 $\hat{\xi}^*_{\boldsymbol{\omega}^*,\text{RSSU}}(0.5)$ 分别与 $\hat{\xi}_{\text{RSSU}}(0.5)$, $\hat{\xi}_{\boldsymbol{\omega}_1,\text{RSSU}}(0.5)$, $\hat{\xi}_{\boldsymbol{\omega}_2,\text{RSSU}}(0.5)$ 和 $\hat{\xi}_{\boldsymbol{\omega}_3,\text{RSSU}}(0.5)$ 的渐近相对效率. 从表中可以看出:

(i) 对于任意给定的排序小组数 m, 在这五个加权估计量中, 最优加权估计量 $\hat{\xi}_{\boldsymbol{\omega}^*,\text{RSSU}}(0.5)$ 的估计效率最高;

(ii) $\hat{\xi}_{\boldsymbol{\omega}^*,\text{RSSU}}(0.5)$ 相对于 $\hat{\xi}_{\text{RSSU}}(0.5)$ 的优势随着 m 的增大而增大;

(iii) $\hat{\xi}_{\boldsymbol{\omega}_3,\text{RSSU}}(0.5)$ 的估计效率高于 $\hat{\xi}_{\boldsymbol{\omega}_1,\text{RSSU}}(0.5)$ 和 $\hat{\xi}_{\boldsymbol{\omega}_2,\text{RSSU}}(0.5)$.

表 5.3　中位寿命加权估计量的渐近相对效率

m	$\text{ARE}(\hat{\xi}_{\boldsymbol{\omega}^*,\text{RSSU}}(0.5),$ $\hat{\xi}_{\text{RSSU}}(0.5))$	$\text{ARE}(\hat{\xi}_{\boldsymbol{\omega}^*,\text{RSSU}}(0.5),$ $\hat{\xi}_{\boldsymbol{\omega}_s,\text{RSSU}}(0.5))$	$\text{ARE}(\hat{\xi}_{\boldsymbol{\omega}^*,\text{RSSU}}(0.5),$ $\hat{\xi}_{\boldsymbol{\omega}_s,\text{RSSU}}(0.5))$	$\text{ARE}(\hat{\xi}_{\boldsymbol{\omega}^*,\text{RSSU}}(0.5),$ $\hat{\xi}_{\boldsymbol{\omega}_s,\text{RSSU}}(0.5))$
2	1.0400	1.0504	1.0343	1.0233
3	1.0604	1.0530	1.0400	1.0300
4	1.0728	1.0519	1.0415	1.0331
5	1.0812	1.0505	1.0420	1.0348
6	1.0873	1.0493	1.0422	1.0360
7	1.0918	1.0484	1.0422	1.0367
8	1.0954	1.0476	1.0422	1.0373
9	1.0983	1.0470	1.0422	1.0378
10	1.1006	1.0465	1.0421	1.0381

参 考 文 献

[1] Chen Z H, Bai Z D, Sinha B K. Ranked Set Sampling: Theory and Application. New York: Springer, 2004.

[2] 董晓芳, 张良勇. 基于中位数排序集抽样的非参数估计. 数理统计与管理, 2013, 32(3): 462-467.

[3] Al-Omari A I, Raqab M Z. Estimation of the population mean and median using truncation-based ranked set samples. Journal of Statistical Computation & Simulation, 2013, 83(8): 1453-1471.

[4] Bhoj D S. Ranked set sampling with unequal samples. Biometrics, 2001, 57(3): 957-962.

[5] Dell T R, Clutter J L. Ranked set sampling theory with order statistics background. Biometrics, 1972, 28(2): 545-555.

[6] 张良勇, 徐兴忠, 董晓芳. 基于非均等排序集抽样的符号检验. 北京理工大学学报 (自然科学版), 2015, 35(6): 639-643.

[7] Zhang L Y, Dong X F, Xu X Z. Sign tests using ranked set sampling with unequal set sizes. Statistics & Probability Letters, 2014, 85(4): 69-77.

[8] Biradar B S, Santosha C D. Estimation of the mean of the exponential distribution using maximum ranked set sampling with unequal samples. Open Journal of Statistics, 2014, 4(8): 641-649.

[9] Eskandarzadeh M, Di Crescenzo A, Tahmasebi S. Measures of information for maximum ranked set sampling with unequal samples. Communications in Statistics-Theory and Methods, 2018, 47(19): 4692-4709.

[10] Dong X F, Zhang L Y, Li F Q. Estimation of reliability for exponential distributions using ranked set sampling with unequal samples. Quality Technology & Quantitative Management, 2013, 10(3): 319-328.

[11] 张良勇. 基于排序集样本的非参数检验和估计. 石家庄: 河北科学技术出版社, 2016.

[12] 茆诗松, 王静龙, 濮晓龙. 高等数理统计. 北京: 高等教育出版社, 2006.

第6章 广义排序集抽样下可靠寿命的非参数估计

产品可靠寿命是描述产品可靠性的重要度量指标[1]. 若产品寿命 T 的概率密度函数和可靠度函数分别为 $f(t)$ 和 $R(t)$, 则

$$\xi_p = \sup\{t : R(t) > p\}, \tag{6.1}$$

称为 T 的 p 可靠寿命. 显然可靠寿命 ξ_p 满足 $R(\xi_p) = p$, 可见 ξ_p 就是 T 的上侧 p 分位数. 特别地, 当 $p = 0.5$ 时, $\xi_{0.5}$ 称为中位寿命.

一些学者研究了基于标准排序集样本的分位数估计问题, Chen[2] 首次提出用标准排序集样本分位数来估计总体分位数. Balakrishnan 和 Li[3] 提出用标准排序集样本的次序统计量来构造分位数的区间估计. Deshpande 等[4] 采用标准排序集样本的相邻次序统计量构造出分位数的内插式置信区间. Baklizi[5] 用标准排序集样本构造出总体平均寿命和分位数的经验似然区间估计. Mahdizadeh 和 Arghami[6] 研究了 SRSS 下已知均值的总体分位数估计问题, 构造了一种修正估计量, 并分析了新估计量的渐近正态性. 文献 [2~6] 都证明了 SRSS 方法的抽样效率高于 SRS 方法.

为了进一步提高估计效率, 一些文献研究了非标准 RSS 下分位数或可靠寿命的估计问题, 并得到了很好的理论结果和应用效果. Zhu 和 Wang[7] 提出每一个排序小组都挑选同一次序的抽样方案, 证明出基于此抽样方法的分位数估计量比文献 [2] 中的估计量具有更小的方差. Baklizi[8] 考虑了非均衡 RSS 下总体分位数的经验似然估计, 分析了估计量的渐近性质. Ozturk[9] 研究了基于部分排序集样本的分位数推断, 给出了 p 阶分位数精确的点估计和假设检验方法, 以及检验统计量的渐近分布. Ozturk[10] 还采用分层 RSS 方法, 构造了总体分位数和方差的估计量. 另外, Nourmohammadi 等[11] 和 Morabbi[12] 等都考虑了非标准 RSS 下分位数的非参数区间估计问题. 当估计总体可靠寿命时, Dong 等[13] 推荐了分位数 RSS 方法, 证明了其抽样效率明显高于 SRSS 方法. 广义排序集抽样 (general ranked set sampling, GRSS) 是 SRSS 方法的推广[14,15], GRSS 方法包含了许多常用的排序集抽样方案, 如何从 GRSS 方案中找出最优抽样方案是研究的重难点. 董晓芳等[16] 和 Zhang 等[17] 研究了 GRSS 下总体分位数的加权估计, 给出了最优权向量, 并证明了 Dong 等[13] 推荐的分位数 RSS 方法是分位数估计的最优抽样方案.

本章利用广义排序集样本, 构建未知总体可靠寿命的非参数估计量及其加权估计量, 分析这些估计量的统计性质, 给出在任意给定的抽样方案下的最优权向量. 针

对不同的可靠寿命, 具体给出使估计效率达到最大的最优抽样方案, 并分别与 SRS 下和 SRSS 下相应估计量进行估计效率的比较.

6.1 广义排序集抽样方法

GRSS 方法的抽样过程[16] 为:

第一步, 从总体中随机抽取大小为 mn 的简单样本, 将它们随机划分为 n 组, 每组 m 个;

第二步, 利用直观感知的信息对每组样本进行从小到大的排序;

第三步, 前 n_1 组都抽取次序最小的样本单元, 第 n_1+1 到 n_1+n_2 组都抽取次序为 2 的样本单元, 依此类推, 直到后 n_m 组都抽取次序为 m 的样本单元, 其中

$$\sum_{i=1}^{m} n_i = n$$

和

$$0 \leqslant n_i \leqslant n,$$

这样就得到样本量为 n 的广义排序集样本,

$$
\begin{matrix}
T_{(1)1} & T_{(1)2} & \cdots & T_{(1)n_1} \\
T_{(2)1} & T_{(2)2} & \cdots & T_{(2)n_2} \\
\vdots & \vdots & & \vdots \\
T_{(m)1} & T_{(m)2} & \cdots & T_{(m)n_m}
\end{matrix}
$$

一般简记为

$$T_{(i)j}, \quad i = 1, 2, \cdots, m; \quad j = 1, 2, \cdots, n_i.$$

广义排序集样本的显著特点有: ① 广义排序集样本单元之间相互独立, 因为每一个样本单元来自不同的排序小组; ② 对于任意给定的 $i(i = 1, 2, \cdots, m)$, $T_{(i)1}, T_{(i)2}, \cdots, T_{(i)n_i}$ 这 n_i 个样本单元不仅相互独立, 并且都与样本量为 m 的简单随机样本的第 i 次序统计量分布相同.

GRSS 方法的最终目的是从所有的抽样方法中找出使功效达到最大的抽样方案. 而解决这个问题是非常困难的, 因为只在 $\sum_{i=1}^{m} n_i = n$ 限制下向量 $(n_1, n_2, \cdots, n_m)$ 的可能情况比较多. GRSS 方法包含了多种常用的 RSS 方法, 下面列举三种常用的 RSS 方法:

(1) 当 $n_1 = n_2 = \cdots = n_m = k (k = n/m)$ 时, GRSS 方法就是标准 RSS 方法;

(2) 当 m 为奇数, $n_i = \begin{cases} n, & i = 0.5(m+1), \\ 0, & i \neq 0.5(m+1) \end{cases}$ 时, GRSS 方法就是中位数 RSS 方法;

(3) 当 n 为偶数, $n_i = \begin{cases} 0.5n, & i = 1, \\ 0.5n, & i = m, \\ 0, & i = 其他 \end{cases}$ 时, GRSS 方法就是极端 RSS 方法.

6.2　可靠寿命的非参数估计

6.2.1　估计量的定义

令 $T_{(i)j}, i = 1, 2, \cdots, m; j = 1, 2, \cdots, n_i$ 是抽自总体 T 的广义排序集样本, 样本量为 $n = \sum_{i=1}^{m} n_i$. 对于任意给定的 $i(i = 1, 2, \cdots, m)$ 和 $j(j = 1, 2, \cdots, n_i)$, $T_{(i)j}$ 的分布与 j 无关, 其概率密度函数为

$$f_{(i)}(t) = i \begin{pmatrix} m \\ i \end{pmatrix} R^{m-i}(t)[1 - R(t)]^{i-1} f(t). \tag{6.2}$$

特别地, 当 $t = \xi_p$ 时,

$$f_{(i)}(\xi_p) = i \begin{pmatrix} m \\ i \end{pmatrix} R^{m-i}(\xi_p)[1 - R(\xi_p)]^{i-1} f(\xi_p)$$

$$= i \begin{pmatrix} m \\ i \end{pmatrix} p^{m-i}(1 - p)^{i-1} f(\xi_p). \tag{6.3}$$

由公式 (6.2) 知, $T_{(i)j}$ 的可靠度函数为

$$R_{(i)}(t) = \int_t^\infty f_{(i)}(u) \mathrm{d}u = i \begin{pmatrix} m \\ i \end{pmatrix} \int_0^{R(t)} u^{m-i}(1 - u)^{i-1} \mathrm{d}u. \tag{6.4}$$

$R_{(i)}(t)$ 还可以表示为

$$R_{(i)}(t) = P(T_{(i)j} > t) = \sum_{u=0}^{i-1} \begin{pmatrix} m \\ u \end{pmatrix} [1 - R(t)]^u [R(t)]^{m-u}. \tag{6.5}$$

特别地, 当 $t = \xi_p$ 时, 根据公式 (6.4) 和 (6.5), 得

$$R_{(i)}(\xi_p) = i \begin{pmatrix} m \\ i \end{pmatrix} \int_0^p u^{m-i}(1 - u)^{i-1} \mathrm{d}u$$

$$= \sum_{u=0}^{i-1} \binom{m}{u} (1-p)^u p^{m-u}. \tag{6.6}$$

基于广义排序集样本的经验可靠度函数定义为

$$\hat{R}_{\text{GRSS}}(t) = \frac{1}{n} \sum_{i=1}^{m} \sum_{j=1}^{n_i} I\{T_{(i)j} > t\}. \tag{6.7}$$

对于任意给定的 $i(i = 1, 2, \cdots, m)$, 定义基于 $T_{(i)1}$, $T_{(i)2}$, $\cdots$, $T_{(i)n_i}$ 的经验可靠度函数为

$$\hat{R}_{(i)n_i}(t) = \frac{1}{n_i} \sum_{j=1}^{n_i} I\{T_{(i)j} > t\}. \tag{6.8}$$

因为 $T_{(i)1}$, $T_{(i)2}$, $\cdots$, $T_{(i)n_i}$ 独立同分布, 且它们的可靠度函数都是 $R_{(i)}(t)$, 所以 $\hat{R}_{(i)n_i}(t)$ 可看作 $R_{(i)}(t)$ 的 SRS 下经验可靠度函数.

令

$$\boldsymbol{q} = (q_1, q_2, \cdots, q_m)$$

为抽样比例向量, 其中抽样比例

$$q_i = \frac{n_i}{n}, \quad i = 1, 2, \cdots, m. \tag{6.9}$$

根据公式 (6.7)~(6.9), $\hat{R}_{\text{GRSS}}(t)$ 可表示为

$$\hat{R}_{\text{GRSS}}(t) = \sum_{i=1}^{m} \left[\frac{n_i}{n} \left(\frac{1}{n_i} \sum_{j=1}^{n_i} I\{T_{(i)j} > t\} \right) \right] = \sum_{i=1}^{m} q_i \hat{R}_{(i)n_i}(t). \tag{6.10}$$

特别地, 当 $n_1 = n_2 = \cdots = n_m = k$ 时,

$$q_1 = q_2 = \cdots = q_m = \frac{k}{n} = \frac{1}{m},$$

此时, $\hat{R}_{\text{GRSS}}(t)$ 就是基于标准排序集样本的经验可靠度函数 $\hat{R}_{\text{SRSS}}(t)$, 即

$$\hat{R}_{\text{SRSS}}(t) = \frac{1}{n} \sum_{i=1}^{m} \sum_{j=1}^{k} I\{T_{(i)j} > t\}.$$

基于公式 (6.4) 给出的 $T_{(i)j}$ 的可靠度函数 $R_{(i)}(t)$, 定义

$$R_{\text{GRSS}}(t) = \sum_{i=1}^{m} q_i R_{(i)}(t) = \sum_{i=1}^{m} q_i i \binom{m}{i} \int_0^{R(t)} u^{m-i}(1-u)^{i-1} \mathrm{d}u, \tag{6.11}$$

注意 $R_{\text{GRSS}}(t)$ 可作为一个可靠度函数. 根据 $R_{\text{GRSS}}(t)$ 的非增性, 容易得到

$$\xi_p = \sup\{t : R_{\text{GRSS}}(t) > R_{\text{GRSS}}(\xi_p)\}.$$

这样采用经验函数估计方法, 利用公式 (6.10) 和 (6.11), GRSS 下总体可靠寿命 ξ_p 的非参数估计量定义为

$$
\begin{aligned}
\hat{\xi}_{\text{GRSS}}(p) &= \sup\left\{t : \hat{R}_{\text{GRSS}}(t) > R_{\text{GRSS}}(\xi_p)\right\} \\
&= \sup\left\{t : \sum_{i=1}^{m} q_i \hat{R}_{(i)n_i}(t) > \sum_{i=1}^{m} q_i R_{(i)}(t)\right\} \\
&= \sup\left\{t : \sum_{i=1}^{m}\sum_{j=1}^{n_i} I\{T_{(i)j} > t\} > n \sum_{i=1}^{m} q_i i \binom{m}{i} \int_0^{R(t)} u^{m-i}(1-u)^{i-1}\mathrm{d}u\right\}.
\end{aligned}
$$

$$(6.12)$$

6.2.2　强相合性和渐近正态性

对于任意给定的 $i(i = 1, 2, \cdots, m)$, 根据公式 (6.8) 和 $T_{(i)1}, T_{(i)2}, \cdots, T_{(i)n_i}$ 的独立同分布性, 得

$$
\begin{aligned}
E[\hat{R}_{(i)n_i}(t)] &= \frac{1}{n_i}\sum_{i=1}^{n_i} E[I\{X_{(i)j} > t\}] \\
&= E[I\{T_{(i)1} > t\}] \\
&= P(T_{(i)1} > t) = R_{(i)}(t),
\end{aligned}
$$

$$(6.13)$$

$$
\begin{aligned}
\text{Var}[\hat{R}_{(i)n_i}(t)] &= \frac{1}{n_i^2}\sum_{i=1}^{n_i} \text{Var}[I\{X_{(i)j} > t\}] \\
&= \frac{1}{n_i}\text{Var}[I\{T_{(i)1} > t\}] \\
&= \frac{1}{n_i}P(T_{(i)1} > t)[1 - P(T_{(i)1} > t)] \\
&= \frac{1}{n_i}R_{(i)}(t)[1 - R_{(i)}(t)].
\end{aligned}
$$

$$(6.14)$$

根据公式 (6.10), (6.13) 和 (6.14), 经验可靠度函数 $\hat{R}_{\text{GRSS}}(t)$ 的数学期望和方差分别为

$$E[\hat{R}_{\text{GRSS}}(t)] = \sum_{i=1}^{m} q_i E[\hat{R}_{(i)n_i}(t)] = \sum_{i=1}^{m} q_i R_{(i)}(t)$$

$$(6.15)$$

和

$$\text{Var}[\hat{R}_{\text{GRSS}}(t)] = \sum_{i=1}^{m} q_i^2 \text{Var}[\hat{R}_{(i)n_i}(t)]$$

$$= \sum_{i=1}^{m} \frac{q_i^2}{n_i} R_{(i)}(t)[1 - R_{(i)}(t)]$$

$$= \frac{1}{n} \sum_{i=1}^{m} q_i R_{(i)}(t)[1 - R_{(i)}(t)].$$

特别地, 当 $t = \xi_p$ 时, 根据公式 (6.6), 得

$$E[\hat{R}_{\mathrm{GRSS}}(\xi_p)] = \sum_{i=1}^{m} q_i R_{(i)}(\xi_p) = \sum_{i=1}^{m} q_i i \binom{m}{i} \int_0^p u^{m-i}(1-u)^{i-1}\mathrm{d}u,$$

$$\mathrm{Var}[\hat{R}_{\mathrm{GRSS}}(\xi_p)] = \frac{1}{n} \sum_{i=1}^{m} q_i R_{(i)}(\xi_p)[1 - R_{(i)}(\xi_p)]$$

$$= \frac{1}{n} \sum_{i=1}^{m} q_i i^2 \binom{m}{i}^2 \int_0^p u^{m-i}(1-u)^{i-1}\mathrm{d}u \int_p^1 u^{m-i}(1-u)^{i-1}\mathrm{d}u.$$

$$(6.16)$$

显然, 对于给定的 m 和 p, $E[\hat{R}_{\mathrm{GRSS}}(\xi_p)]$ 和 $\mathrm{Var}[\hat{R}_{\mathrm{GRSS}}(\xi_p)]$ 都仅与抽样比例向量 $\boldsymbol{q}$ 有关.

下面的定理说明了当估计总体可靠寿命 ξ_p 时, 估计量 $\hat{\xi}_{\mathrm{GRSS}}(p)$ 具有强相合性.

定理 6.1 对于任意给定的 $p(0 < p < 1)$, 如果 $f(t)$ 在 ξ_p 处连续, 那么以概率 1, 有

$$\lim_{n \to \infty} \hat{\xi}_{\mathrm{GRSS}}(p) = \xi_p.$$

证明 证明思路类似定理 5.1 的证明思路. 证毕

下面的定理说明了当估计总体可靠寿命 ξ_p 时, 估计量 $\hat{\xi}_{\mathrm{GRSS}}(p)$ 具有渐近正态性, 并给出了 $\sqrt{n}\hat{\xi}_{\mathrm{GRSS}}(p)$ 的渐近方差.

定理 6.2 对于任意给定的 $p(0 < p < 1)$, 如果 $f(t)$ 在 ξ_p 处连续, 那么对于固定的 m, 当 $n \to \infty$ 时, 有

$$\sqrt{n}(\hat{\xi}_{\mathrm{GRSS}}(p) - \xi_p) \xrightarrow{L} N(0, \sigma_{\mathrm{GRSS}}^2(p)),$$

其中

$$\sigma_{\mathrm{GRSS}}^2(p) = \frac{\displaystyle\sum_{i=1}^{m} q_i i^2 \binom{m}{i}^2 \int_0^p u^{m-i}(1-u)^{i-1}\mathrm{d}u \int_p^1 u^{m-i}(1-u)^{i-1}\mathrm{d}u}{f^2(\xi_p)\left[\displaystyle\sum_{i=1}^{m} q_i i \binom{m}{i} p^{m-i}(1-p)^{i-1}\right]^2}. \quad (6.17)$$

证明　估计量 $\hat{\xi}_{\mathrm{GRSS}}(p)$ 关于 ξ_p 渐近正态性的证明思路类似定理 5.2 的证明思路. 根据公式 (6.15), $\sqrt{n}\hat{\xi}_{\mathrm{GRSS}}(p)$ 的渐近方差为

$$\sigma_{\mathrm{GRSS}}^2(p) = \frac{n\mathrm{Var}[\hat{R}_{\mathrm{GRSS}}(t)]}{\left\{\mathrm{d}E[\hat{R}_{\mathrm{GRSS}}(t)]/\mathrm{d}t\right\}^2}\bigg|_{t=\xi_p} = \frac{n\mathrm{Var}[\hat{R}_{\mathrm{GRSS}}(\xi_p)]}{\left[\displaystyle\sum_{i=1}^{m} q_i f_{(i)}(\xi_p)\right]^2}.$$

再将公式 (6.3) 和 (6.16) 代入上式, 就可得到公式 (6.17).　　　　　　　证毕

6.3　可靠寿命的非参数加权估计

6.3.1　加权估计量的定义

令 $T_{(i)j}, i = 1, 2, \cdots, m; j = 1, 2, \cdots, n_i$ 是抽自总体 T 的广义排序集样本, 样本量为 $n = \displaystyle\sum_{i=1}^{m} n_i$. 考虑到对于给定的 $j\,(j = 1, 2, \cdots, n_i)$, $T_{(1)j}, T_{(2)j}, \cdots, T_{(m)j}$ 是独立但不同分布的, 在公式 (6.10) 的基础上, 我们定义一个与秩次有关的加权经验可靠度函数

$$\hat{R}_{\boldsymbol{\omega},\mathrm{GRSS}}(t) = \frac{1}{n}\sum_{i=1}^{m}\sum_{j=1}^{n_i}\omega_i I\{T_{(i)j} > t\} = \sum_{i=1}^{m}\omega_i q_i \hat{R}_{(i)n_i}(t), \tag{6.18}$$

其中

$$\boldsymbol{\omega} = (\omega_1, \cdots, \omega_m)$$

是权向量, 并且满足

$$\sum_{i=1}^{m}\omega_i = m.$$

基于公式 (6.4) 给出的 $T_{(i)j}$ 的可靠度函数 $R_{(i)}(t)$, 定义

$$R_{\boldsymbol{\omega},\mathrm{GRSS}}(t) = \sum_{i=1}^{m}\omega_i q_i R_{(i)}(t) = \sum_{i=1}^{m}\omega_i q_i i \binom{m}{i}\int_0^{R(t)} u^{m-i}(1-u)^{i-1}\mathrm{d}u, \tag{6.19}$$

注意 $R_{\boldsymbol{\omega},\mathrm{GRSS}}(t)$ 可作为一个可靠度函数. 特别地, 当 $t = \xi_p$ 时, 根据 $R(\xi_p) = p$ 和公式 (6.19), 得

$$R_{\boldsymbol{\omega},\mathrm{GRSS}}(\xi_p) = \sum_{i=1}^{m}\omega_i q_i R_{(i)}(\xi_p) = \sum_{i=1}^{m}i\omega_i q_i \binom{m}{i}\int_0^{p} u^{m-i}(1-u)^{i-1}\mathrm{d}u. \tag{6.20}$$

由公式 (6.20) 知, 对于给定的 m 和 p, $R_{\boldsymbol{\omega},\mathrm{GRSS}}(\xi_p)$ 仅与权向量 $\boldsymbol{\omega}$ 和抽样比例向量 $\boldsymbol{q}$ 有关.

根据公式 (6.19) 和 (6.20), 容易得到

$$\xi_p = \sup\{t : R_{\boldsymbol{\omega},\mathrm{GRSS}}(t) > R_{\boldsymbol{\omega},\mathrm{GRSS}}(\xi_p)\}.$$

这样采用经验函数估计方法, 利用公式 (6.18) 和 (6.20), GRSS 下总体可靠寿命 ξ_p 的非参数加权估计量定义为

$$
\begin{aligned}
&\hat{\xi}_{\boldsymbol{\omega},\mathrm{GRSS}}(p)\\
&= \sup\left\{t : \hat{R}_{\boldsymbol{\omega},\mathrm{GRSS}}(t) > R_{\boldsymbol{\omega},\mathrm{GRSS}}(\xi_p)\right\}\\
&= \sup\left\{t : \sum_{i=1}^{m} \omega_i q_i \hat{R}_{(i)n_i}(t) > \sum_{i=1}^{m} \omega_i q_i R_{(i)}(\xi_p)\right\}\\
&= \sup\left\{t : \sum_{i=1}^{m}\sum_{j=1}^{n_i} \omega_i I\{T_{(i)j} > t\} > n\sum_{i=1}^{m} i\omega_i q_i \binom{m}{i}\int_0^p u^{m-i}(1-u)^{i-1}\mathrm{d}u\right\}.
\end{aligned}
$$

$$(6.21)$$

6.3.2 强相合性和渐近正态性

首先计算 GRSS 下加权经验可靠度函数 $\hat{R}_{\boldsymbol{\omega},\mathrm{GRSS}}(t)$ 的数学期望和方差. 根据公式 (6.13), (6.14) 和 (6.18), 得

$$
\begin{aligned}
E[\hat{R}_{\boldsymbol{\omega},\mathrm{GRSS}}(t)] &= \sum_{i=1}^{m} \omega_i q_i E[\hat{R}_{(i)n_i}(t)]\\
&= \sum_{i=1}^{m} \omega_i q_i R_{(i)}(t)
\end{aligned}
\qquad (6.22)
$$

和

$$
\begin{aligned}
\mathrm{Var}[\hat{R}_{\boldsymbol{\omega},\mathrm{GRSS}}(t)] &= \sum_{i=1}^{m} \omega_i^2 q_i^2 \mathrm{Var}[\hat{R}_{(i)n_i}(t)]\\
&= \sum_{i=1}^{m} \frac{\omega_i^2 q_i^2}{n_i} R_{(i)}(t)[1 - R_{(i)}(t)].
\end{aligned}
$$

特别地, 当 $t = \xi_p$ 时, 根据公式 (6.6), 得

$$
\begin{aligned}
E[\hat{R}_{\boldsymbol{\omega},\mathrm{GRSS}}(\xi_p)] &= \sum_{i=1}^{m} \omega_i q_i R_{(i)}(\xi_p)\\
&= \sum_{i=1}^{m} \omega_i q_i i \binom{m}{i}\int_0^p u^{m-i}(1-u)^{i-1}\mathrm{d}u,
\end{aligned}
$$

$$\mathrm{Var}[\hat{R}_{\boldsymbol{\omega},\mathrm{GRSS}}(\xi_p)] = \sum_{i=1}^{m} \frac{\omega_i^2 q_i^2}{n_i} R_{(i)}(\xi_p)[1 - R_{(i)}(\xi_p)]$$

$$= \sum_{i=1}^{m} \frac{\omega_i^2 q_i^2 i^2}{n_i} \binom{m}{i}^2 \int_0^p u^{m-i}(1-u)^{i-1} \mathrm{d}u \int_p^1 u^{m-i}(1-u)^{i-1} \mathrm{d}u.$$

$$(6.23)$$

显然, 对于给定的 m 和 p, $E[\hat{R}_{\boldsymbol{\omega},\mathrm{GRSS}}(\xi_p)]$ 和 $\mathrm{Var}[\hat{R}_{\boldsymbol{\omega},\mathrm{GRSS}}(\xi_p)]$ 都仅与权向量 $\boldsymbol{\omega}$ 和抽样比例向量 $\boldsymbol{q}$ 有关.

下面的定理说明了当估计总体可靠寿命 ξ_p 时, $\hat{\xi}_{\boldsymbol{\omega},\mathrm{GRSS}}(p)$ 具有强相合性和渐近正态性, 并给出了 $\sqrt{n}\hat{\xi}_{\boldsymbol{\omega},\mathrm{GRSS}}(p)$ 的渐近方差.

定理 6.3　对于任意给定的 $p(0 < p < 1)$, 如果 $f(t)$ 在 ξ_p 处连续, 那么

(1) 以概率 1, 有

$$\lim_{n\to\infty} \hat{\xi}_{\boldsymbol{\omega},\mathrm{GRSS}}(p) = \xi_p;$$

(2) 对于固定的 m, 当 $n \to \infty$ 时, 有

$$\sqrt{n}(\hat{\xi}_{\boldsymbol{\omega},\mathrm{GRSS}}(p) - \xi_p) \xrightarrow{L} N(0, \sigma_{\boldsymbol{\omega},\mathrm{GRSS}}^2(p)),$$

其中

$$\sigma_{\boldsymbol{\omega},\mathrm{GRSS}}^2(p) = \frac{\displaystyle\sum_{i=1}^{m} q_i \omega_i^2 i^2 \binom{m}{i}^2 \int_0^p u^{m-i}(1-u)^{i-1}\mathrm{d}u \int_p^1 u^{m-i}(1-u)^{i-1}\mathrm{d}u}{f^2(\xi_p)\left[\displaystyle\sum_{i=1}^{m} q_i \omega_i i \binom{m}{i} p^{m-i}(1-p)^{i-1}\right]^2}.$$

$$(6.24)$$

证明　$\hat{\xi}_{\boldsymbol{\omega},\mathrm{GRSS}}(p)$ 关于 ξ_p 强相合性的证明类似定理 5.1 的证明, $\hat{\xi}_{\boldsymbol{\omega},\mathrm{GRSS}}(p)$ 关于 ξ_p 渐近正态性的证明类似定理 5.2 的证明. 另外, 根据公式 (6.22), $\sqrt{n}\hat{\xi}_{\boldsymbol{\omega},\mathrm{GRSS}}(p)$ 的渐近方差为

$$\sigma_{\mathrm{GRSS}}^2(p) = \left.\frac{n\mathrm{Var}[\hat{R}_{\boldsymbol{\omega},\mathrm{GRSS}}(t)]}{\left(\mathrm{d}E[\hat{R}_{\boldsymbol{\omega},\mathrm{GRSS}}(t)]/\mathrm{d}t\right)^2}\right|_{t=\xi_p} = \frac{n\mathrm{Var}[\hat{R}_{\boldsymbol{\omega},\mathrm{GRSS}}(\xi_p)]}{\left(\displaystyle\sum_{i=1}^{m} q_i \omega_i f_{(i)}(\xi_p)\right)^2}.$$

再根据公式 (6.3) 和 (6.23) 就可得到公式 (6.24).　　　　　　　　　　　　　　证毕

6.3.3　最优权向量

下面的定理给出了使得加权估计量 $\hat{\xi}_{\boldsymbol{\omega},\mathrm{GRSS}}(p)$ 的估计效率达到最大的最优权向量 $\boldsymbol{\omega}^*$.

定理 6.4 对于给定的 m 和 p 以及任意的 q, 使得 $\sigma^2_{\boldsymbol{\omega},\mathrm{GRSS}}(p)$ 达到最小的权数是

$$\omega_i^* = \frac{mp^{m-i}(1-p)^{i-1}\left[i\binom{m}{i}\displaystyle\int_0^p u^{m-i}(1-u)^{i-1}\mathrm{d}u\int_p^1 u^{m-i}(1-u)^{i-1}\mathrm{d}u\right]^{-1}}{\displaystyle\sum_{s=1}^m p^{m-s}(1-p)^{s-1}\left[s\binom{m}{s}\displaystyle\int_0^p u^{m-s}(1-u)^{s-1}\mathrm{d}u\int_p^1 u^{m-s}(1-u)^{s-1}\mathrm{d}u\right]^{-1}},$$

$$i = 1, 2, \cdots, m. \tag{6.25}$$

证明 对于任意权向量 $\boldsymbol{\omega} = (\omega_1,\ \omega_2,\ \cdots,\ \omega_m)$, 定义

$$h_i = \frac{\sqrt{q_i}f_{(i)}(\xi_p)}{\sqrt{R_{(i)}(\xi_p)[1-R_{(i)}(\xi_p)]}} \tag{6.26}$$

和

$$k_i = \omega_i\sqrt{q_iR_{(i)}(\xi_p)[1-R_{(i)}(\xi_p)]}, \quad i = 1, 2, \cdots, m. \tag{6.27}$$

再根据公式 (6.24) 和 Cauchy-Schwarz 不等式, 有

$$\sigma^2_{\boldsymbol{\omega},\mathrm{GRSS}}(p) = \frac{\displaystyle\sum_{i=1}^m k_i^2}{\left(\displaystyle\sum_{i=1}^m h_ik_i\right)^2} \geqslant \frac{\displaystyle\sum_{i=1}^m k_i^2}{\left(\displaystyle\sum_{i=1}^m h_i^2\right)\times\left(\displaystyle\sum_{i=1}^m k_i^2\right)} = \frac{1}{\displaystyle\sum_{i=1}^m h_i^2}. \tag{6.28}$$

由公式 (6.26) 和 (6.28) 知, 对于任意权向量 $\boldsymbol{\omega} = (\omega_1,\ \omega_2,\ \cdots,\ \omega_m)$, 有

$$\sigma^2_{\boldsymbol{\omega},\mathrm{GRSS}}(p) \geqslant \frac{1}{\displaystyle\sum_{i=1}^m q_if_{(i)}^2(\xi_p)R_{(i)}^{-1}(\xi_p)[1-R_{(i)}(\xi_p)]^{-1}}.$$

令

$$\boldsymbol{\omega}^* = (\omega_1^*,\ \omega_2^*,\ \cdots,\ \omega_m^*),$$

其中

$$\omega_i^* = \frac{mf_{(i)}(\xi_p)R_{(i)}^{-1}(\xi_p)[1-R_{(i)}(\xi_p)]^{-1}}{\displaystyle\sum_{s=1}^m f_{(s)}(\xi_p)R_{(s)}^{-1}(\xi_p)[1-R_{(s)}(\xi_p)]^{-1}}, \quad i = 1, 2, \cdots, m. \tag{6.29}$$

根据公式 (6.24) 和 (6.29), 得

$$\sigma^2_{\boldsymbol{\omega}^*,\mathrm{GRSS}}(p) = \frac{\displaystyle\sum_{i=1}^m q_i(\omega_i^*)^2 R_{(i)}(\xi_p)[1-R_{(i)}(\xi_p)]}{\left[\displaystyle\sum_{i=1}^m q_i\omega_i^* f_{(i)}(\xi_p)\right]^2}$$

$$
= \frac{\displaystyle\sum_{i=1}^{m} q_i f_{(i)}^2(\xi_p) R_{(i)}^{-1}(\xi_p)[1 - R_{(i)}(\xi_p)]^{-1}}{\left\{\displaystyle\sum_{i=1}^{m} q_i f_{(i)}^2(\xi_p) R_{(i)}^{-1}(\xi_p)[1 - R_{(i)}(\xi_p)]^{-1}\right\}^2}
$$

$$
= \frac{1}{\displaystyle\sum_{i=1}^{m} q_i f_{(i)}^2(\xi_p) R_{(i)}^{-1}(\xi_p)[1 - R_{(i)}(\xi_p)]^{-1}} \leqslant \sigma_{\boldsymbol{\omega}, \mathrm{GRSS}}^2.
$$

因此, 对于固定的 p 和任意给定的 $\boldsymbol{q}$, 使 $\sigma_{\boldsymbol{\omega}, \mathrm{GRSS}}^2(p)$ 达到最小的权向量是 $\boldsymbol{\omega}^*$.

根据公式 (6.3) 和 (6.6), 有

$$
f_{(i)}(\xi_p) R_{(i)}^{-1}(\xi_p)[1 - R_{(i)}(\xi_p)]^{-1}
$$

$$
= i \binom{m}{i} p^{m-i}(1-p)^{i-1} \left[i \binom{m}{i} \int_0^p u^{m-i}(1-u)^{i-1} \mathrm{d}u \right]^{-1}
$$

$$
\cdot \left[i \binom{m}{i} \int_p^1 u^{m-i}(1-u)^{i-1} \mathrm{d}u \right]^{-1}
$$

$$
= p^{m-i}(1-p)^{i-1} \left[i \binom{m}{i} \int_0^p u^{m-i}(1-u)^{i-1} \mathrm{d}u \int_p^1 u^{m-i}(1-u)^{i-1} \mathrm{d}u \right]^{-1}.
$$

$$
\tag{6.30}
$$

再将公式 (6.30) 代入公式 (6.29) 即可得公式 (6.25).　　　　　　　　　　　证毕

由公式 (6.25) 知, 最优权数 ω_i^* 仅与 m 和 p 有关, 与抽样比例向量 $\boldsymbol{q}$ 无关, 并且不依赖于总体分布, 这说明最优权数是适应任意分布的.

表 6.1 给出了当 $m = 2, 3, 5, 8$ 和 $p = 0.05, 0.1, 0.2, 0.5, 0.8, 0.9, 0.95$ 时加权估计量 $\hat{\xi}_{\boldsymbol{\omega}, \mathrm{GRSS}}(p)$ 的最优权向量 $\boldsymbol{\omega}^* = (\omega_1^*, \omega_2^*, \cdots, \omega_m^*)$. 从表中可以看出, 最优权数 ω_i^* 满足

$$
\omega_i^*(p) = \omega_{m+1-i}^*(1-p).
$$

例如, 当 $m = 5$ 时, $p = 0.1$ 的最优权向量为

$$
(1.657, 1.298, 0.949, 0.646, 0.450),
$$

而当 $m = 5$ 时, $p = 0.9$ 的最优权向量为

$$
(0.450, 0.646, 0.949, 1.298, 1.657).
$$

表 6.1　广义排序集抽样下可靠寿命加权估计量的最优权数

m	p	ω_1^*	ω_2^*	ω_3^*	ω_4^*	ω_5^*	ω_6^*	ω_7^*	ω_8^*
2	0.05	1.300	0.700						
	0.1	1.267	0.733						
	0.2	1.200	0.800						
	0.5	1.000	1.000						
	0.8	0.800	1.200						
	0.9	0.733	1.267						
	0.95	0.700	1.300						
3	0.05	1.479	0.976	0.545					
	0.1	1.449	0.957	0.594					
	0.2	1.370	0.934	0.696					
	0.5	1.043	0.913	1.043					
	0.8	0.696	0.934	1.370					
	0.9	0.594	0.957	1.449					
	0.95	0.545	0.976	1.479					
5	0.05	1.668	1.320	0.976	0.648	0.388			
	0.1	1.657	1.298	0.949	0.646	0.450			
	0.2	1.600	1.227	0.901	0.677	0.595			
	0.5	1.158	0.921	0.842	0.921	1.158			
	0.8	0.595	0.677	0.901	1.227	1.600			
	0.9	0.450	0.646	0.949	1.298	1.657			
	0.95	0.388	0.648	0.976	1.320	1.668			
8	0.05	1.800	1.565	1.330	1.096	0.863	0.635	0.429	0.282
	0.1	1.810	1.562	1.316	1.071	0.832	0.613	0.443	0.353
	0.2	1.789	1.518	1.252	0.996	0.773	0.609	0.525	0.538
	0.5	1.310	1.052	0.866	0.771	0.771	0.866	1.052	1.310
	0.8	0.538	0.525	0.609	0.773	0.996	1.252	1.518	1.789
	0.9	0.353	0.443	0.613	0.832	1.071	1.316	1.562	1.810
	0.95	0.282	0.429	0.635	0.863	1.096	1.330	1.565	1.800

6.4　可靠寿命的最优抽样方案

6.4.1　最优抽样方案的确定

由定理 6.4 知, $\sqrt{n}\hat{\xi}_{\boldsymbol{\omega}^*,\text{GRSS}}(p)$ 的渐近方差为

$$\sigma_{\boldsymbol{\omega}^*,\text{GRSS}}^2(p) = \frac{1}{\sum\limits_{i=1}^m q_i f_{(i)}^2(\xi_p) R_{(i)}^{-1}(\xi_p)[1-R_{(i)}(\xi_p)]^{-1}}. \tag{6.31}$$

将公式 (6.3) 和 (6.6) 代入公式 (6.31), 整理后得

$$\sigma^2_{\boldsymbol{\omega}^*, \mathrm{GRSS}}(p) = \left[f^2(\xi_p) \sum_{i=1}^{m} \frac{q_i p^{2(m-i)}(1-p)^{2(i-1)}}{\displaystyle\int_0^p u^{m-i}(1-u)^{i-1}\mathrm{d}u \int_p^1 u^{m-i}(1-u)^{i-1}\mathrm{d}u} \right]^{-1}. \quad (6.32)$$

下面定理给出了最优抽样方案 $\boldsymbol{q}^* = (q_1^*, q_2^*, \cdots, q_m^*)$, 其使得最优加权估计量 $\hat{\xi}_{\boldsymbol{\omega}^*, \mathrm{GRSS}}(p)$ 的估计效率达到最大, 即 $\sigma^2_{\boldsymbol{\omega}^*, \mathrm{GRSS}}(p)$ 达到最小.

定理 6.5　对于任意给定的 p, 使得 $\sigma^2_{\boldsymbol{\omega}^*, \mathrm{GRSS}}(p)$ 达到最小的抽样设计是

$$q_i^* = \begin{cases} 1, & i = r_p, \\ 0, & i \neq r_p, \end{cases} \quad i = 1, 2, \cdots, m,$$

其中

$$r_p = \min \left\{ i : \frac{\displaystyle\int_0^p u^{m-i}(1-u)^{i-1}\mathrm{d}u \int_p^1 u^{m-i}(1-u)^{i-1}\mathrm{d}u}{p^{2(m-i)}(1-p)^{2(i-1)}} \right\}. \quad (6.33)$$

证明　令

$$K(i,\, p) = \frac{\displaystyle\int_0^p u^{m-i}(1-u)^{i-1}\mathrm{d}u \int_p^1 u^{m-i}(1-u)^{i-1}\mathrm{d}u}{p^{2(m-i)}(1-p)^{2(i-1)}}. \quad (6.34)$$

根据公式 (6.32)~(6.34), 得

$$\sigma^{-2}_{\boldsymbol{\omega}^*, \mathrm{GRSS}}(p) = f^2(\xi_p) \sum_{i=1}^{m} \frac{q_i}{K(i,\, p)}$$

$$\leqslant f^2(\xi_p) \sum_{i=1}^{m} \frac{q_i}{\min_{1 \leqslant i \leqslant m} K(i,\, p)}$$

$$= \frac{f^2(\xi_p)}{\min_{1 \leqslant i \leqslant m} K(i,\, p)} \sum_{i=1}^{m} q_i$$

$$= \frac{f^2(\xi_p)}{\min_{1 \leqslant i \leqslant m} K(i,\, p)}$$

$$= \frac{f^2(\xi_p)}{K(r_p,\, p)}. \quad (6.35)$$

根据公式 (6.34) 和 (6.35), 得

$$\sigma_{\omega^*,\text{GRSS}}^2(p) \geqslant \frac{\int_0^p u^{m-r_p}(1-u)^{r_p-1}\mathrm{d}u \int_p^1 u^{m-r_p}(1-u)^{r_p-1}\mathrm{d}u}{f^2(\xi_p)p^{2(m-r_p)}(1-p)^{2(r_p-1)}}. \tag{6.36}$$

显然, 当

$$q_i^* = \begin{cases} 1, & i = r_p, \\ 0, & i \neq r_p \end{cases}$$

时 $\sigma_{\omega^*,\text{GRSS}}^2(p)$ 达到最小. 证毕

定理 6.5 说明了对于给定的 m 和 p, 最优抽样方案 $\boldsymbol{q}^* = (q_1^*, q_2^*, \cdots, q_m^*)$ 是所有排序小组都只抽取次序为 r_p 的样本单元.

6.4.2 最优次序的计算

为了计算最优次序 r_p, 首先陈述单调似然比的定义及其基本性质.

定义 6.1[18] 设 $\{p(x;\theta): \theta \in I\}$ 是含有实参数 θ 的概率密度族, 其中 I 是实直线上的一个区间. 如果存在实值统计量 $T(x)$, 使得对任意的 $\theta_1 < \theta_2$, 都有

(1) 概率分布 P_{θ_1} 与 P_{θ_2} 是不同的;

(2) 似然比 $\lambda(x) = \dfrac{p(x;\theta_2)}{p(x;\theta_1)}$ 是 $T(x)$ 的非降函数 (或非增函数),

则称概率密度族 $\{p(x;\theta): \theta \in I\}$ 关于 $T(x)$ 具有非降 (或非增) 单调似然比, 简写为 MLR.

引理 6.1[18] 设概率密度族 $\{p(x;\theta): \theta \in I\}$ 关于 $T(x)$ 具有非降 (或非增)MLR. 若 $\varphi(t)$ 是 t 的一个非降函数 (或非增函数), 则 $E_\theta \varphi(T(x))$ 是 θ 的一个非降函数.

根据公式 (6.34), 有

$$\begin{aligned} K(i,\,p) &= \frac{\int_0^p u^{m-i}(1-u)^{i-1}\mathrm{d}u}{p^{m-i}(1-p)^{i-1}} \times \frac{\int_p^1 u^{m-i}(1-u)^{i-1}\mathrm{d}u}{p^{m-i}(1-p)^{i-1}} \\ &= \left[\int_0^p \left(\frac{u}{p}\right)^{m-i}\left(\frac{1-u}{1-p}\right)^{i-1}\mathrm{d}u\right] \times \left[\int_p^1 \left(\frac{u}{p}\right)^{m-i}\left(\frac{1-u}{1-p}\right)^{i-1}\mathrm{d}u\right]. \end{aligned} \tag{6.37}$$

将公式 (6.37) 中的整数 i 用实数 x 来代替, 定义函数

$$K(x,\,p) = \left[\int_0^p \left(\frac{u}{p}\right)^{m-x}\left(\frac{1-u}{1-p}\right)^{x-1}\mathrm{d}u\right]$$

$$\times \left[\int_p^1 \left(\frac{u}{p}\right)^{m-x} \left(\frac{1-u}{1-p}\right)^{x-1} \mathrm{d}u \right], \quad x \in [1, m]. \qquad (6.38)$$

由定义 6.1 和引理 6.1 可得到以下定理.

定理 6.6　对于任意给定的 $p(0 < p < 1)$, $K(x, p)$ 是下凸函数.

证明　对于给定的 p, 根据公式 (6.38), 得

$$\frac{\mathrm{d}\ln K(x, p)}{\mathrm{d}x} = \int_0^p f_1(u; p, x) \ln\left(\frac{p(1-u)}{u(1-p)}\right) \mathrm{d}u$$

$$+ \int_p^1 f_2(u; p, x) \ln\left(\frac{p(1-u)}{u(1-p)}\right) \mathrm{d}u$$

$$= E_{f_1}\left[\ln\left(\frac{p(1-u)}{u(1-p)}\right)\right] + E_{f_2}\left[\ln\left(\frac{p(1-u)}{u(1-p)}\right)\right], \qquad (6.39)$$

其中密度函数 $f_1(u; p, x)$ 和 $f_2(u; p, x)$ 分别为

$$f_1(u; p, x) = \frac{\left(\dfrac{u}{p}\right)^{m-x} \left(\dfrac{1-u}{1-p}\right)^{x-1}}{\displaystyle\int_0^p \left(\dfrac{v}{p}\right)^{m-x} \left(\dfrac{1-v}{1-p}\right)^{x-1} \mathrm{d}v} \qquad (6.40)$$

和

$$f_2(u; p, x) = \frac{\left(\dfrac{u}{p}\right)^{m-x} \left(\dfrac{1-u}{1-p}\right)^{x-1}}{\displaystyle\int_p^1 \left(\dfrac{v}{p}\right)^{m-x} \left(\dfrac{1-v}{1-p}\right)^{x-1} \mathrm{d}v}. \qquad (6.41)$$

对于任意的 $1 \leqslant x_1 < x_2 \leqslant m$, 根据公式 (6.40), 有

$$\frac{f_1(u; p, x_2)}{f_1(u; p, x_1)} = \frac{\left(\dfrac{u}{p}\right)^{m-x_2} \left(\dfrac{1-u}{1-p}\right)^{x_2-1}}{\displaystyle\int_0^p \left(\dfrac{v}{p}\right)^{m-x_2} \left(\dfrac{1-v}{1-p}\right)^{x_1-1} \mathrm{d}v} \times \frac{\displaystyle\int_0^p \left(\dfrac{v}{p}\right)^{m-x_1} \left(\dfrac{1-v}{1-p}\right)^{x_1-1} \mathrm{d}v}{\left(\dfrac{u}{p}\right)^{m-x_1} \left(\dfrac{1-u}{1-p}\right)^{x_1-1}}$$

$$= \frac{\displaystyle\int_0^p \left(\dfrac{v}{p}\right)^{m-x_1} \left(\dfrac{1-v}{1-p}\right)^{x_1-1} \mathrm{d}v}{\displaystyle\int_0^p \left(\dfrac{v}{p}\right)^{m-x_2} \left(\dfrac{1-v}{1-p}\right)^{x_1-1} \mathrm{d}v} \times \left(\frac{1}{p}-1\right)^{x_1-x_2} \times \left(\frac{1}{u}-1\right)^{x_2-x_1}.$$

$$(6.42)$$

由公式 (6.42) 知, 似然比函数 $f_1(u; p, x_2)/f_1(u; p, x_1)$ 在区间 $(0, p)$ 内是 u 的非增函数. 同理, 由公式 (6.41) 可证得, 似然比函数 $f_2(u; p, x_2)/f_2(u; p, x_1)$ 在区间

$(p, 1)$ 内是 u 的非增函数. 这样, 由定义 6.1 知, 密度函数 $f_1(u; p, x)$ 和 $f_2(u; p, x)$ 关于 u 都具有非增单调似然比.

对于给定的 p, 因为当 $0 < u < 1$ 时,

$$\frac{\mathrm{d}}{\mathrm{d}u} \ln \left(\frac{p(1-u)}{u(1-p)} \right) = -\frac{1}{1-u} - \frac{1}{u} = -\frac{1}{u(1-u)} < 0.$$

所以

$$\varphi(u; p) = \ln \left(\frac{p(1-u)}{u(1-p)} \right)$$

在区间 $(0, p)$ 和 $(p, 1)$ 内都是 u 的非增函数.

这样, 由引理 6.1 知, 期望函数 $E_{f_1} \left[\ln \left(\frac{p(1-u)}{u(1-p)} \right) \right]$ 和 $E_{f_2} \left[\ln \left(\frac{p(1-u)}{u(1-p)} \right) \right]$ 都是 x 的非降函数. 再根据公式 (6.39), 定理即可得证.   证毕

由定理 6.6 可得出以下结论:

(i) 若 $K(i, p)$ 单调增加, 则 $r_p = 1$;

(ii) 若 $K(i, p)$ 单调减少, 则 $r_p = m$;

(iii) 若 $K(i, p)$ 先单调减少后增加, 则 $r_p = \min\{i : K(i, p) \leqslant K(i+1, p)\}$.

下面以 $m = 2$ 和 $m = 3$ 为例给出最优次序 r_p 的计算过程.

当 $m = 2$ 时, 根据公式 (6.37), 计算得

$$K(1, p) = \frac{1}{4}(1 - p^2)$$

和

$$K(2, p) = \frac{1}{4}[1 - (1-p)^2].$$

求解 $g(1, p) \leqslant g(2, p)$, 得 $p \geqslant 0.5$. 这说明当 $p \in [0.5, 1)$ 时, 最优秩次 $r_p = 1$. 根据对称性, 当 $p \in (0, 0.5]$ 时, 最优次序 $r_p = 2$.

当 $m = 3$ 时, 根据公式 (6.37), 计算得

$$K(1, p) = \frac{1}{9p}(1 - p^3),$$

$$K(2, p) = \frac{(3 - 2p)(1 - 3p^2 + 2p^3)}{36(1 - p^2)}$$

和

$$K(3, p) = \frac{1 - (1-p)^3}{9(1-p)}.$$

求解 $K(1, p) \leqslant K(2, p)$, 得 $p \geqslant \frac{\sqrt{73} - 3}{8}$. 这说明当 $p \in \left[\frac{\sqrt{73} - 3}{8}, 1 \right)$ 时, 最优次

序 $r_p = 1.1 - \dfrac{\sqrt{73} - 3}{8} = \dfrac{11 - \sqrt{73}}{8}$, 根据对称性, 当 $p \in \left(0, \dfrac{11 - \sqrt{73}}{8}\right]$ 时, 最优次

序 $r_p = 3$. 另外, 当 $p \in \left[\dfrac{11 - \sqrt{73}}{8}, \dfrac{-3 + \sqrt{73}}{8}\right]$ 时, 最优次序 $r_p = 2$.

利用同样的方法可对 m 取其他值进行讨论, 即对于固定的 p, 次序 i 为最优需保证前 $i - 1$ 个秩次都不是最优并且满足 $K(i, p) \leqslant K(i + 1, p)$, 即

$$\left[\int_0^p \left(\frac{u}{p}\right)^{m-i} \left(\frac{1-u}{1-p}\right)^{i-1} \mathrm{d}u\right] \times \left[\int_p^1 \left(\frac{u}{p}\right)^{m-i} \left(\frac{1-u}{1-p}\right)^{i-1} \mathrm{d}u\right]$$

$$\leqslant \left[\int_0^p \left(\frac{u}{p}\right)^{m-i-1} \left(\frac{1-u}{1-p}\right)^{i} \mathrm{d}u\right] \times \left[\int_p^1 \left(\frac{u}{p}\right)^{m-i-1} \left(\frac{1-u}{1-p}\right)^{i} \mathrm{d}u\right].$$

表 6.2 给出了当 $m = 2, 3, 4, 5, 6, 7, 8, 9, 10$ 和 $p = 0.05, 0.1, 0.2, 0.5, 0.8, 0.9,$
0.95 时的最优次序值. 可以看出对于给定的 m, r_p 是 p 的单调递减 (分段) 函数, 并有以下结论:

(i) 当 $p = 0.5$ 时, $r_p = 0.5(m+1)$ (m 为奇数), $r_p = 0.5m$ 或 $5m + 1$ (m 为偶数);

(ii) 当 $0.5 < p < 1$ 时, $r_p = [m(1-p) + 1]$;

(iii) 当 $0 < p < 0.5$ 时, $r_p = m + 1 - r_{1-p}$.

表 6.2　最优次序 r_p

m	p						
	0.05	0.1	0.2	0.5	0.8	0.9	0.95
2	2	2	2	1, 2	1	1	1
3	3	3	3	2	1	1	1
4	4	4	4	2, 3	1	1	1
5	5	5	4	3	2	1	1
6	6	6	5	3, 4	2	1	1
7	7	7	6	4	2	1	1
8	8	8	7	4, 5	2	1	1
9	9	7	7	5	2	2	1
10	10	9	8	5, 6	3	2	1

6.4.3　渐近相对效率

根据定理 6.5, 对于给定的 m 和 p, 基于最优抽样方案 $\boldsymbol{q}^* = (q_1^*, q_2^*, \cdots, q_m^*)$ 得到的样本为 $T_{(r_p)1}, T_{(r_p)2}, \cdots, T_{(r_p)n}$. 再根据公式 (6.21), 基于 $\boldsymbol{q}^*$ 的总体可靠寿命 ξ_p 的估计量为

$$\hat{\xi}_{\boldsymbol{q}^*}(p) = \sup\left\{t : \frac{1}{n}\sum_{s=1}^{n} I\{T_{(r_p)s} > t\} > R_{(r_p)}(\xi_p)\right\}.$$

再由公式 (6.36) 知, $\sqrt{n}\hat{\xi}_{\boldsymbol{q}^*}(p)$ 的渐近方差为

$$\sigma_{\boldsymbol{q}^*}^2(p) = \frac{\displaystyle\int_0^p u^{m-r_p}(1-u)^{r_p-1}\mathrm{d}u \int_p^1 u^{m-r_p}(1-u)^{r_p-1}\mathrm{d}u}{f^2(\xi_p)p^{2(m-r_p)}(1-p)^{2(r_p-1)}}. \tag{6.43}$$

令 T_1, T_2, $\cdots$, T_n 为从总体 T 中抽取的简单随机样本. 采用经验函数估计方法, SRS 下总体可靠寿命 ξ_p 的估计量为

$$\hat{\xi}_{\mathrm{SRS}}(p) = \sup\left\{t : \frac{1}{n}\sum_{i=1}^n \{T_i > t\} > p\right\}.$$

类似于定理 5.1 和定理 5.2 的证明, 容易证出 $\hat{\xi}_{\mathrm{SRS}}(p)$ 关于 ξ_p 具有强相合性和渐近正态性, 且 $\sqrt{n}\hat{\xi}_{\mathrm{SRS}}(p)$ 的渐近方差为

$$\sigma_{\mathrm{SRS}}^2(p) = \frac{p(1-p)}{f^2(\xi_p)}. \tag{6.44}$$

令 $T_{(i)j}$, $i = 1$, 2, $\cdots$, $m; j = 1$, 2, $\cdots$, k 是抽自总体 T 的标准排序集样本, 样本量为 $n = mk$. 由 Chen[2] 知, SRSS 下总体可靠寿命 ξ_p 的估计量为

$$\hat{\xi}_{\mathrm{SRSS}}(p) = \sup\left\{t : \frac{1}{n}\sum_{i=1}^m\sum_{j=1}^k \{T_{(i)j} > t\} > p\right\}.$$

Chen[2] 证明了 $\hat{\xi}_{\mathrm{SRSS}}(p)$ 关于 ξ_p 具有强相合性和渐近正态性, 且 $\sqrt{n}\hat{\xi}_{\mathrm{SRSS}}(p)$ 的渐近方差为

$$\sigma_{\mathrm{SRSS}}^2(p) = \frac{p - m^{-1}\sum_{i=1}^m\left[i\begin{pmatrix}m\\i\end{pmatrix}\int_0^p u^{m-i}(1-u)^{i-1}\mathrm{d}u\right]^2}{f^2(\xi_p)}. \tag{6.45}$$

三个估计量 $\hat{\xi}_{\boldsymbol{q}^*}(p)$, $\hat{\xi}_{\mathrm{SRS}}(p)$ 与 $\hat{\xi}_{\mathrm{SRSS}}(p)$ 的渐近方差分别为 $\sigma_{\boldsymbol{q}^*}^2(p)/n$, $\sigma_{\mathrm{SRS}}^2(p)/n$ 和 $\sigma_{\mathrm{SRSS}}^2(p)/n$. 这样, 我们定义 $\hat{\xi}_{\boldsymbol{q}^*}(p)$ 分别与 $\hat{\xi}_{\mathrm{SRS}}(p)$ 和 $\hat{\xi}_{\mathrm{SRSS}}(p)$ 的渐近相对效率为估计量渐近方差比的倒数, 即

$$\mathrm{ARE}(\hat{\xi}_{\boldsymbol{q}^*}(p), \hat{\xi}_{\mathrm{SRS}}(p)) = \left[\frac{\sigma_{\boldsymbol{q}^*}^2(p)/n}{\sigma_{\mathrm{SRS}}^2(p)/n}\right]^{-1} = \frac{\sigma_{\mathrm{SRS}}^2(p)}{\sigma_{\boldsymbol{q}^*}^2(p)}, \tag{6.46}$$

$$\mathrm{ARE}(\hat{\xi}_{\boldsymbol{q}^*}(p), \hat{\xi}_{\mathrm{SRSS}}(p)) = \left[\frac{\sigma_{\boldsymbol{q}^*}^2(p)/n}{\sigma_{\mathrm{SRSS}}^2(p)/n}\right]^{-1} = \frac{\sigma_{\mathrm{SRSS}}^2(p)}{\sigma_{\boldsymbol{q}^*}^2(p)}. \tag{6.47}$$

将公式 (6.43) 和 (6.44) 代入公式 (6.46), 整理后得

$$\mathrm{ARE}(\hat{\xi}_{\boldsymbol{q}^*}(p),\ \hat{\xi}_{\mathrm{SRS}}(p)) = \frac{p^{2m-2r_p+1}(1-p)^{2r_p-1}}{\displaystyle\int_0^p u^{m-r_p}(1-u)^{r_p-1}\mathrm{d}u \int_p^1 u^{m-r_p}(1-u)^{r_p-1}\mathrm{d}u}. \tag{6.48}$$

由公式 (6.48) 知, $\mathrm{ARE}(\hat{\xi}_{\boldsymbol{q}^*}(p),\ \hat{\xi}_{\mathrm{SRS}}(p))$ 仅与 m 和 p 有关.

将公式 (6.43) 和 (6.45) 代入公式 (6.47), 整理后得

$$\mathrm{ARE}(\hat{\xi}_{\boldsymbol{q}^*}(p),\ \hat{\xi}_{\mathrm{SRSS}}(p))$$
$$= \frac{p^{2(m-r_p)}(1-p)^{2(r_p-1)}\left[p - m^{-1}\displaystyle\sum_{i=1}^m \left[i\binom{m}{i}\int_0^p u^{m-i}(1-u)^{i-1}\mathrm{d}u\right]^2\right]}{\displaystyle\int_0^p u^{m-r_p}(1-u)^{r_p-1}\mathrm{d}u \int_p^1 u^{m-r_p}(1-u)^{r_p-1}\mathrm{d}u}. $$
$$\tag{6.49}$$

由公式 (6.49) 知, $\mathrm{ARE}(\hat{\xi}_{\boldsymbol{q}^*}(p),\ \hat{\xi}_{\mathrm{SRSS}}(p))$ 仅与 m 和 p 有关.

表 6.3 给出了当 $m = 2, 3, 4, 5, 8, 10$ 和 $p = 0.05, 0.1, 0.2, 0.5, 0.8, 0.9, 0.95$ 时 $\mathrm{ARE}(\hat{\xi}_{\boldsymbol{q}^*}(p),\ \hat{\xi}_{\mathrm{SRS}}(p))$ 的值. 可以看出:

(i) 对于任意给定的 p 和 m, $\mathrm{ARE}(\hat{\xi}_{\boldsymbol{q}^*}(p),\ \hat{\xi}_{\mathrm{SRS}}(p)) > 1$, 这说明 $\hat{\xi}_{\boldsymbol{q}^*}(p)$ 的估计效率高于 $\hat{\xi}_{\mathrm{SRS}}(p)$;

(ii) 当 m 固定时, $\hat{\xi}_{\boldsymbol{q}^*}(p)$ 相对于 $\hat{\xi}_{\mathrm{SRS}}(p)$ 的优势随着 p 远离 0.5 而增大;

(iii) 当 p 固定时, $\hat{\xi}_{\boldsymbol{q}^*}(p)$ 相对于 $\hat{\xi}_{\mathrm{SRS}}(p)$ 的优势随着 m 的增加而增大.

表 6.3　估计量 $\hat{\xi}_{\boldsymbol{q}^*}(p)$ 与 $\hat{\xi}_{\mathrm{SRS}}(p)$ 的渐近相对效率

m	p						
	0.05	0.1	0.2	0.5	0.8	0.9	0.95
2	1.95	1.89	1.78	1.33	1.78	1.89	1.95
3	2.85	2.69	2.36	2.25	2.36	2.69	2.85
4	3.70	3.39	2.78	2.62	2.78	3.39	3.70
5	4.50	4.01	3.46	3.52	3.46	4.01	4.50
8	6.64	5.37	5.52	5.17	5.52	5.37	6.64
10	7.85	6.95	6.68	6.45	6.68	6.95	7.85

表 6.4 给出了当 $m = 2, 3, 4, 5, 8, 10$ 和 $p = 0.05, 0.1, 0.2, 0.5, 0.8, 0.9, 0.95$ 时 $\mathrm{ARE}(\hat{\xi}_{\boldsymbol{q}^*}(p),\ \hat{\xi}_{\mathrm{SRSS}}(p))$ 的值. 可以看出:

(i) 对于任意给定的 p 和 m, $\mathrm{ARE}(\hat{\xi}_{\boldsymbol{q}^*}(p),\ \hat{\xi}_{\mathrm{SRSS}}(p)) > 1$, 这说明 $\hat{\xi}_{\boldsymbol{q}^*}(p)$ 的估计效率均高于 $\hat{\xi}_{\mathrm{SRSS}}(p)$;

(ii) 对于给定的 p, $\hat{\xi}_{\boldsymbol{q}^*}(p)$ 相对于 $\hat{\xi}_{\mathrm{SRSS}}(p)$ 的优势随着 m 的增加而增大;

(iii) 对于给定的 p, $\mathrm{ARE}(\hat{\xi}_{q^*}(p), \hat{\xi}_{\mathrm{SRSS}}(p))$ 的值随着 p 远离 0.5 而增大, 特别对于较大或较小的可靠寿命.

由 Zhang 等[17] 知, SRSS 下估计量 $\hat{\xi}_{\mathrm{SRSS}}(p)$ 与 SRS 下估计量 $\hat{\xi}_{\mathrm{SRS}}(p)$ 的渐近相对效率随着 p 远离 0.5 而减少, 在极端可靠寿命上没有明显优势. 因此最优抽样方案弥补了 SRSS 方法在估计极端可靠寿命上的不足.

表 6.4   估计量 $\hat{\xi}_{q^*}(p)$ 与 $\hat{\xi}_{\mathrm{SRSS}}(p)$ 的渐近相对效率

m	p						
	0.05	0.1	0.2	0.5	0.8	0.9	0.95
2	1.86	1.72	1.50	1.00	1.50	1.72	1.86
3	2.59	2.25	1.73	1.41	1.73	2.25	2.59
4	3.22	2.62	1.82	1.43	1.82	2.62	3.22
5	3.76	2.91	2.06	1.73	2.06	2.91	3.76
8	4.96	3.27	2.65	2.03	2.65	3.27	4.96
10	5.49	3.87	2.90	2.27	2.90	3.87	5.49

6.5 实例分析

为了比较最优 RSS 下估计量 $\hat{\xi}_{q^*}(p)$ 与 SRS 下估计量 $\hat{\xi}_{\mathrm{SRS}}(p)$ 的实际估计效果, 我们采用 Lee[19] 给出的 101 个铝条寿命 (周数 $\times 10^{-8}$) 数据. 我们把所有铝条的寿命作为总体, 总体可靠寿命 $\xi_{0.1}, \xi_{0.5}$ 和 $\xi_{0.9}$ 分别为 18.93, 14.16 和 8.86. 由于总体单元数不多, 我们取排序小组数 $m = 3, 4$ 和循环次数 $k = 5$, 最优 RSS 方法和 SRS 方法都采用放回式抽样, 抽样次数为 100 次. 表 6.5 和表 6.6 分别给出了样本量 $n = 20(m = 4)$ 和 $p = 0.9$ 的一次最优排序集样本值和一次简单随机样本值.

表 6.5   基于最优排序集抽样方法的铝条寿命 (周数 $\times 10^{-8}$)

j	$T_{(1)j}$	j	$T_{(1)j}$	j	$T_{(1)j}$	j	$T_{(1)j}$	j	$T_{(1)j}$
1	12.35	5	10.55	9	7.16	13	9.60	17	9.88
2	14.20	6	11.20	10	15.22	14	8.86	18	13.13
3	7.85	7	9.60	11	9.30	15	11.34	19	7.16
4	7.97	8	11.15	12	10.85	16	11.02	20	10.55

表 6.7 给出了当 $m = 3, 4(n = 15, 20)$ 和 $p = 0.1, 0.5, 0.9$ 时, 估计量 $\hat{\xi}_{q^*}(p)$ 与 $\hat{\xi}_{\mathrm{SRS}}(p)$ 的偏差和均方误差. 可以看出: 对于给定的 m 和 p, $\hat{\xi}_{q^*}(p)$ 的偏差绝对值和均方误差都小于 $\hat{\xi}_{\mathrm{SRS}}(p)$. 另外, 对于给定的 p, 估计量 $\hat{\xi}_{q^*}(p)$ 与 $\hat{\xi}_{\mathrm{SRS}}(p)$ 的均方误差都随着 $m(n)$ 的增加而减少. 实例分析的结果进一步验证了最优 RSS 下估计量 $\hat{\xi}_{q^*}(p)$ 的估计效率高于 SRS 下估计量 $\hat{\xi}_{\mathrm{SRS}}(p)$.

表 6.6　基于简单随机抽样方法的铝条寿命 (周数 $\times 10^{-8}$)

i	T_i	i	T_i	i	T_i	i	T_i	i	T_i
1	15.22	5	19.10	9	9.60	13	7.06	17	15.60
2	18.20	6	10.85	10	15.05	14	22.68	18	19.23
3	12.58	7	16.42	11	8.58	15	24.40	19	16.02
4	14.20	8	13.13	12	8.86	16	17.50	20	9.88

表 6.7　铝条寿命数据中估计量 $\hat{\xi}_{q^*}(p)$ 与 $\hat{\xi}_{\mathrm{SRS}}(p)$ 的偏差和均方误差

m	p	$\hat{\xi}_{q^*}(p)$		$\hat{\xi}_{\mathrm{SRS}}(p)$	
		偏差	均方误差	偏差	均方误差
3	0.1	−0.3843	0.8390	−0.5265	2.1324
	0.5	0.2147	0.7542	−0.2837	1.6508
	0.9	−0.4172	0.8439	0.6057	2.2440
4	0.1	−0.1237	0.5062	0.1566	1.5059
	0.5	0.1570	0.4463	−0.1967	1.1285
	0.9	−0.1825	0.4917	0.2691	1.3464

参 考 文 献

[1] 茆诗松, 汤银才, 王玲玲. 可靠性统计. 北京: 高等教育出版社, 2008.

[2] Chen Z. On ranked set sample quantiles and their applications. Journal of Statistical Planning and Inference, 2000, 83(1): 125-135.

[3] Balakrishnan N, Li T. Confidence intervals for quantiles and tolerance intervals based on ordered ranked set samples. Annals of the Institute of Statistical Mathematics, 2006, 58(4): 757-777.

[4] Deshpande J V, Frey J, Ozturk O. Nonparametric ranked set sampling confidence intervals for quantiles of a finite population. Environmental and Ecological Statistics, 2006, 13(1): 25-40.

[5] Baklizi A. Empirical likelihood intervals for the population mean and quantiles based on balanced ranked set samples. Statistical Methods and Applications, 2009, 18(4): 483-505.

[6] Mahdizadeh M, Arghami N R. Quantile estimation using ranked set samples from a population with known mean. Communications in Statistics-Simulation and Computation, 2012, 41(10): 1872-1881.

[7] Zhu M, Wang Y G. Quantile estimation from ranked set sampling data. The Indian Journal of Statistics, 2005, 67(2): 295-304.

[8] Baklizi A. Empirical likelihood inference for population quantiles with unbalanced ranked set samples. Communications in Statistics-Theory and Methods, 2011, 40(23): 4179-

4188.

[9] Ozturk O. Quantile inference based on partially rank-ordered set samples. Journal of Statistical Planning & Inference, 2012, 142(7): 2116-2127.

[10] Ozturk O. Statistical inference for population quantiles and variance in judgment post-stratified samples. Computational Statistics & Data Analysis, 2014, 77(1): 188-205.

[11] Nourmohammadi M, Jafari J M, Johnson B C. Nonparametric confidence intervals for quantiles with randomized nomination sampling. Sankhya A, 2015, 77(2): 408-432.

[12] Morabbi H, Razmkhah M, Ahmadi J. Nonparametric confidence intervals for quantiles based on a modified ranked set sampling. Communications for Statistical Applications and Methods, 2016, 23(2): 119-129.

[13] Dong X , Cui L , Liu F. A further study on reliable life estimation under ranked set sampling. Communications in Statistics-Theory and Methods, 2012, 41(21): 3888-3902.

[14] Kaur A, Patil G P, Taillie C, et al. Ranked set sample sign test for quantiles. Journal of Statistical Planning and Inference, 2002, 100(2): 337-347.

[15] Chen Z H, Bai Z D, Sinha B K. Ranked Set Sampling: Theory and Application. New York: Springer, 2004.

[16] 董晓芳, 崔利荣, 张良勇. 基于广义排序集样本的分位数估计. 北京理工大学学报 (自然科学版), 2013, 33(2): 213-216.

[17] Zhang L Y, Dong X F, Xu X Z, et al. Weighted estimation of quantiles using unbalanced ranked set sampling. Quality Technology and Quantitative Management, 2014, 11(3): 281-295.

[18] 茆诗松, 王静龙, 濮晓龙. 高等数理统计. 北京: 高等教育出版社, 2006.

[19] Lee E T. 生存数据分析的统计方法. 陈家鼎, 戴中维, 译. 北京: 中国统计出版社, 1998.

第7章　标准排序集抽样下截尾数据的可靠度函数估计

令非负随机变量 T 表示产品的寿命, 则

$$R(t) = P(T > t), \quad t \geqslant 0$$

表示 T 的可靠度函数, 可靠度函数是产品可靠性的重要指标, 它表示产品在时间 $[0, t]$ 内不失效的概率[1]. 若令

$$F(t) = P(T \leqslant t)$$

表示 T 的分布函数, 显然

$$R(t) = 1 - F(t).$$

易知, 可靠度函数 $R(t)$ 是非增函数, 且 $R(0) = 1$ 和 $R(\infty) = 0$.

一些学者采用标准排序集抽样方法, 研究了未知总体分布函数和可靠度函数的非参数估计问题. Stokes 和 Sager[2] 利用 SRSS 下经验分布函数去估计总体分布函数, 并证明了估计量的无偏性和渐近正态性. Huang[3] 考虑了分布函数的 SRSS 非参数极大似然估计及其 EM 算法. Ozturk[4] 采用 SRSS 下经验函数方法, 研究了对称分布函数的估计问题. Gulati[5] 考虑了 SRSS 下分布函数的非参数光滑核估计量. 董晓芳和张良勇[6] 构造了 SRSS 下对称分布族分布函数的非参数无偏估计量. Amiri 等[7] 利用指数型倾斜经验似然方法, 提出了 SRSS 下分布函数的非参数估计量. Dümbgen 和 Zamanzade[8] 研究了基于标准排序集样本的分布函数推断, 讨论了有限样本容量下分布函数的逐点置信区间. Mahdizadeh 和 Zamanzade[9] 建立了 SRSS 下可靠性函数的平滑核估计量, 并分析了估计量的统计性质. Eftekharian 和 Razmkhah[10] 研究了 SRSS 下累积分布函数和总体概率密度函数的核估计问题. 另外, Mahdizadeh 和 Zamanzade[11] 考虑了多阶段 RSS 下非对称分布函数的估计问题, 给出了一种非参数估计, 并对其理论性质进行了探讨. Al-Omari[12] 提出了基于四分位 RSS 方法的总体分布函数的非参数估计量, 并与 SRS 方法和 SRSS 方法进行了比较.

文献 [2~12] 均通过 SRSS 下估计量与 SRS 下相应估计量的效率比较, 证明了 SRSS 方法的高效率性. 但是, 这些文献研究的 SRSS 测量值都是完全数据. 我们

知道在寿命分析的许多研究中, 由于种种条件的限制只能得到随机截尾 (删失) 数据[13]. 利用 SRSS 下随机截尾数据, Zhang 等[14] 构建了 SRSS 下可靠度函数的直接乘积限估计量, 证明了其具有自相容性; Strzalkowska-Kominiak 和 Mahdizadeh[15] 构建了 SRSS 下总体分布函数的乘积限估计量, 证明了其具有渐近正态性; 董晓芳等[16] 采用平均秩思想, 构建了 SRSS 下可靠度函数的均秩型乘积限估计量, 证明了其具有强相合性和渐近正态性, 并确定了强收敛速度和渐近方差.

本章利用 SRSS 下随机截尾数据, 建立总体可靠度函数的直接乘积限估计量和均秩型乘积限估计量, 分析这些新估计量的统计性质, 并与 SRS 下相应估计量进行估计效率的比较.

7.1 可靠度函数的直接乘积限估计

7.1.1 估计量的定义

令 $T_{(i)j}$, $i = 1, 2, \cdots, m$; $j = 1, 2, \cdots, k$ 是抽自未知总体 T 的标准排序集样本, 样本量 $n = mk$; C_{ij}, $i = 1, 2, \cdots, m$; $j = 1, 2, \cdots, k$ 是非负独立同分布表示截尾的随机变量, 具有分布函数 G. 在随机右截尾模型下, 我们不能完全观察到 $T_{(i)j}$, 而仅能观察到

$$Y_{(i)j} = \min\{T_{(i)j}, C_{ij}\},$$

$$\delta_{(i)j} = I\{T_{(i)j} \leqslant C_{ij}\}, \quad i = 1, 2, \cdots, m; \quad j = 1, 2, \cdots, k.$$

因此, 我们得到 SRSS 下随机截尾样本

$$(Y_{(i)j}, \delta_{(i)j}), \quad i = 1, 2, \cdots, m; \quad j = 1, 2, \cdots, k,$$

显然, 当 $\delta_{(i)j} = 1$ 时, $Y_{(i)j} = T_{(i)j}$, 此时表示非截尾观察; 当 $\delta_{(i)j} = 0$ 时, $Y_{(i)j} = C_{ij}$, 此时表示截尾观察. 下面的问题是如何利用 SRSS 下随机截尾样本去估计总体可靠度函数 $R(t)$.

1958 年, Kaplan 和 Meier[17] 利用 SRS 下随机删失样本, 提出了可靠度函数的乘积限估计量, 此估计方法是寿命数据分析中最广泛使用的非参数方法, 它在可靠性统计中的地位相当于完全观察下的经验分布函数, 然而它的构造及其统计特性的研究要比经验分布函数复杂得多. 借助 SRS 下 Kaplan-Meier 乘积限估计量的构造思想, 我们可以构造出 SRSS 下可靠度函数的乘积限估计量.

令

$$Y_{(1:1)} \leqslant Y_{(2:2)} \leqslant \cdots \leqslant Y_{(n:n)}$$

是 $Y_{(i)j}$, $i = 1, 2, \cdots, m$; $j = 1, 2, \cdots, k$ 的从小到大的次序值, 如果截尾观察与非截尾观察有相同的值, 则后者应排在前面.

令 $\delta_{(i:j)}$ 为相应于 $Y_{(i:j)}$ 的 δ, 即当 $Y_{(l:n)} = Y_{(i)j}$ 时,

$$\delta_{(l:n)} = \delta_{(i)j}.$$

设 $\Re(t)$ 为在时间 t 的风险集, 即在时刻 t 之前仍然有效的个体数, 且设

$$r_{(i:n)} = \Re(Y_{(i:n)})中的个体数,$$
$$d_{(i:n)} = 在时刻Y_{(i:n)}的失效数,$$
$$p_{(i:n)} = P(T > Y_{(i:n)} \mid T > Y_{(i-1:n)}),$$
$$q_{(i:n)} = 1 - p_{(i:n)}.$$

在观察没有 "结" 时,

$$r_{(i:n)} = n - i + 1,$$

$$d_{(i:n)} = \begin{cases} 1, & \delta_{(i:n)} = 1, \\ 0, & \delta_{(i:n)} = 0. \end{cases}$$

显然, $q_{(i:n)}$ 和 $p_{(i:n)}$ 可以如下估得

$$\hat{q}_{(i:n)} = \frac{d_{(i:n)}}{r_{(i:n)}} = \begin{cases} \dfrac{1}{n-i+1}, & \delta_{(i:n)} = 1, \\ 0, & \delta_{(i:n)} = 0, \end{cases}$$

$$\hat{p}_{(i:n)} = 1 - \hat{q}_{(i:n)} = \left(1 - \frac{1}{n-i+1}\right)^{\delta_{(i:n)}}.$$

利用 SRSS 下随机截尾样本, 直接采用 SRS 下 Kaplan-Meier 乘积限估计量的构造思想[17], 可靠度函数 $R(t)$ 的直接乘积限估计量定义为

$$\hat{R}_{\text{SRSS1}}(t) = \prod_{\{i:Y_{(i:n)} \leqslant t\}} \hat{p}_{(i:n)} = \prod_{\{i:Y_{(i:n)} \leqslant t\}} \left(1 - \frac{1}{n-i+1}\right)^{\delta_{(i:n)}}. \tag{7.1}$$

如果最大观测值 $Y_{(n:n)}$ 是截尾的, 那么规定当 $t \geqslant Y_{(n:n)}$ 时

$$\hat{R}_{\text{SRSS1}}(t) = 0.$$

对于一般情形, 有如下两点需要注意.

(1) 对有相等对的完全观察, 即在同一时刻有两个或两个以上失效时, 如在 $Y_{(i:n)}$ 以前有 $r_{(i:n)}$ 个产品有效, 在时刻 $Y_{(i:n)}$ 有 $d_{(i:n)}$ 个失效, 此时,

$$\hat{q}_{(i:n)} = \frac{d_{(i:n)}}{r_{(i:n)}},$$

$$\hat{p}_{(i:n)} = 1 - \hat{q}_{(i:n)} = 1 - \frac{d_{(i:n)}}{r_{(i:n)}},$$

$$\hat{R}_{\text{SRSS1}}(t) = \prod_{\{i:Y_{(i:n)} \leqslant t\}} \left(1 - \frac{d_{(i:n)}}{r_{(i:n)}} \right)^{\delta_{(i:n)}}. \tag{7.2}$$

(2) 若完全观察 (非截尾) 时间与某些不完全观察时间相等, 则把完全观测时间看成在不完全观察前一点.

因为当 $Y_{(i:n)}$ 为截尾观测值时, $\delta_{(i:n)} = 0$, 所以 $\hat{R}_{\text{SRSS1}}(t)$ 仅需考虑非截尾观测值. 若令

$$\tilde{Y}_{(1:s)} \leqslant \tilde{Y}_{(2:s)} \leqslant \cdots \leqslant \tilde{Y}_{(s:s)}$$

为 $Y_{(i)j}$, $i = 1, 2, \cdots, m$; $j = 1, 2, \cdots, k$ 中所有非截尾观察值的从小到大的次序值, 且设

$$\tilde{r}_{(i:s)} = \Re(\tilde{Y}_{(i:s)})\text{中的个体数},$$

$$\tilde{d}_{(i:s)} = \text{在时刻}\tilde{Y}_{(i:s)}\text{的失效数}, \quad i = 1, 2, \cdots, s,$$

其中 s 为所有非截尾观察的个数, 则公式 (7.2) 也可表达为

$$\hat{R}_{\text{SRSS1}}(t) = \prod_{\{i:\tilde{Y}_{(i:s)} \leqslant t\}} \frac{\tilde{r}_{(i:s)} - \tilde{d}_{(i:s)}}{\tilde{r}_{(i:s)}}.$$

这样, $\hat{R}_{\text{SRSS1}}(t)$ 可以按下式计算:

$$\hat{R}_{\text{SRSS1}}(t) = \begin{cases} 1, & 0 \leqslant t < \tilde{Y}_{(1:s)}, \\ \prod_{j=1}^{i} \frac{\tilde{r}_{(j:s)} - \tilde{d}_{(j:s)}}{\tilde{r}_{(j:s)}}, & \tilde{Y}_{(i:s)} \leqslant t < \tilde{Y}_{(i+1:s)}, \\ 0, & t \geqslant \tilde{Y}_{(s:s)}. \end{cases} \tag{7.3}$$

实际中, 公式 (7.3) 可以通过一个六列的表计算, 计算过程为

(1) 第一列按从小到大的顺序列出全部非截尾观察时间.

(2) 第二列 i, 是非截尾观察在包括截尾和非截尾全部观察中所对应的秩.

(3) 第三列标号 $\tilde{d}_{(i:s)}$, 是在第一列非截尾观察时刻所对应的死亡数.

(4) 第四列标号 $\tilde{r}_{(i:s)}$, 是对应在第一列非截尾观察时刻之前仍然活着的个体数.

(5) 第五列对应每一个非截尾观察, 计算

$$\frac{\tilde{r}_{(i:s)} - \tilde{d}_{(i:s)}}{\tilde{r}_{(i:s)}}.$$

(6) 第六列对应每一个非截尾观察, 计算

$$\hat{R}_{\text{SRSS1}}(\tilde{Y}_{(i:s)}) = \prod_{j=1}^{i} \frac{\tilde{r}_{(i:s)} - \tilde{d}_{(i:s)}}{\tilde{n}_{(i:s)}}.$$

7.1.2　自相容性

为简单计, 我们假设没有 "结", 根据 Miller[18] 书中所述, 一个估计量 $\hat{R}(t)$ 称为自相容的, 如果它满足

$$\hat{R}(t) = \frac{1}{n}\left[N_{\text{SRSS}}(t) + \sum_{Y_{(i)j} \leqslant t}(1 - \delta_{(i)j})\frac{\hat{R}(t)}{\hat{R}(Y_{(i)j})}\right], \tag{7.4}$$

其中

$$N_{\text{SRSS}}(t) = \sum_{i=1}^{m}\sum_{j=1}^{k}I\{Y_{(i)j} > t\},$$

$\hat{R}(t)\big/\hat{R}(Y_{(i)j})$ 是产品寿命达到 $Y_{(i)j}$ 的条件下寿命超过 t 的条件概率估计.

定理 7.1　对于给定的排序小组数 m 和循环次数 k, 当 $t < Y_{(n:n)}$ 时, $\hat{R}_{\text{SRSS}1}(t)$ 是 SRSS 下唯一的自相容估计.

证明　由公式 (7.4) 知, 自相容估计 $\hat{R}(t)$ 满足

$$\begin{aligned}\hat{R}(t) &= \frac{N_{\text{SRSS}}(t)}{n - \displaystyle\sum_{Y_{(i)j} \leqslant t}\left(\frac{1 - \delta_{(i)j}}{\hat{R}(Y_{(i)j})}\right)}\\[2mm] &= \begin{cases}1, & t < Y_{(1:n)}\\[2mm] \dfrac{N_{\text{SRSS}}(t)}{n - \displaystyle\sum_{i=1}^{r}\left(\dfrac{1 - \delta_{(i:n)}}{\hat{R}(Y_{(i:n)})}\right)}, & Y_{(i:n)} \leqslant t < Y_{(i+1:n)},\quad i = 1, 2, \cdots, n-1.\end{cases}\end{aligned}$$
$$\tag{7.5}$$

下面证明若 $\hat{R}(t)$ 满足公式 (7.5), 则

$$\hat{R}(t) = \hat{R}_{\text{SRSS}1}(t).$$

首先注意到当 $t < Y_{(1:n)}$ 时,

$$\hat{R}(t) = 1 = \hat{R}_{\text{SRSS}1}(t).$$

其次注意到 $\hat{R}(t)$ 和 $\hat{R}_{\text{SRSS}1}(t)$ 在区间 $[Y_{(r:n)}, Y_{(r+1:n)})(r = 1, 2, \cdots, n)$ 内都是常数. 因此, 剩下只需证明 $\hat{R}(t)$ 在 $Y_{(r:n)}$ 的跳与 $\hat{R}_{\text{SRSS}1}(t)$ 的跳相同, 下面分两种情形证之.

情形 1: 若 $\delta_{(r:n)} = 0$, 由公式 (7.5) 可得

$$N_{\text{SRSS}}(Y_{(r:n)}-) - 1 = N_{\text{SRSS}}(Y_{(r:n)})$$

$$=\hat{R}(Y_{(r:n)})\left[n-\sum_{i=1}^{r}\left(\frac{1-\delta_{(i:n)}}{\hat{R}(Y_{(i:n)})}\right)\right]$$

$$=\hat{R}(Y_{(r:n)})\left[n-\sum_{i=1}^{r-1}\left(\frac{1-\delta_{(i:n)}}{\hat{R}(Y_{(i:n)})}\right)\right]-1$$

$$=\hat{R}(Y_{(r:n)})\left[\frac{N_{\mathrm{SRSS}}(Y_{(r:n)}-)}{\hat{R}(Y_{(r:n)}-)}\right]-1$$

$$=\frac{\hat{R}(Y_{(r:n)})}{\hat{R}(Y_{(r:n)}-)}N_{\mathrm{SRSS}}(Y_{(r:n)}-)-1.$$

这说明

$$\hat{R}(Y_{(r:n)})=\hat{R}(Y_{(r:n)}-),$$

即在观察点 $Y_{(r:n)}$, $r\in\{i:\delta_{(i:n)}=0\}$, $\hat{R}(t)$ 没有跳, 这与 $\hat{R}_{\mathrm{SRSS1}}(t)$ 一致.

情形 2: 若 $\delta_{(r:n)}=1$, 由公式 (7.5) 可得

$$\hat{R}(Y_{(r:n)})=\frac{N_{\mathrm{SRSS}}(Y_{(r:n)})}{n-\sum_{i=1}^{r}\left(\frac{1-\delta_{(i:n)}}{\hat{R}(Y_{(i:n)})}\right)}$$

$$=\frac{N_{\mathrm{SRSS}}(Y_{(r:n)})}{N_{\mathrm{SRSS}}(Y_{(r:n)}-)}\times\frac{N_{\mathrm{SRSS}}(Y_{(r:n)}-)}{n-\sum_{i=1}^{r-1}\left(\frac{1-\delta_{(i:n)}}{\hat{R}(Y_{(i:n)})}\right)}$$

$$=\frac{n-r}{n-r+1}\hat{R}(Y_{(r:n)}-).$$

因此 $\hat{R}(t)$ 在观察点 $Y_{(r:n)}(r\in\{i:\delta_{(i:n)}=1\})$ 有跳, 且

$$\frac{\hat{R}(Y_{(r:n)})}{\hat{R}(Y_{(r:n)}-)}=\frac{n-r}{n-r+1},$$

这也与 $\hat{R}_{\mathrm{SRSS1}}(t)$ 一致. 证毕

$\hat{R}_{\mathrm{SRSS1}}(t)$ 的自相容性使得它的计算能通过下面迭代方法计算:

(1) 选初始估计

$$\hat{R}_{\mathrm{SRSS1}}^{0}(t)=\frac{N_{\mathrm{SRSS}}(t)}{n}.$$

(2) 使用迭代公式

$$\hat{R}_{\mathrm{SRSS1}}^{(j+1)}(t)=\frac{1}{n}\left[N_{\mathrm{SRSS}}(t)+\sum_{Y_{(i)j}\leqslant t}(1-\delta_{(i)j})\frac{\hat{R}_{\mathrm{SRSS1}}^{(j)}(t)}{\hat{R}_{\mathrm{SRSS1}}^{(j)}(Y_{(i)j})}\right]$$

改进估计.

无限次迭代后, $\hat{R}_{\mathrm{SRSS1}}^{(j)}$ 收敛到 $\hat{R}_{\mathrm{SRSS1}}(t)$. 这个迭代算法在 SRSS 下其他截尾数据中也有用.

7.1.3　模拟相对效率

令 T_1, T_2, $\cdots$, T_n 为抽自 T 的简单随机样本, C_1, C_2, $\cdots$, C_n 是非负独立同分布表示截尾的随机变量, 具有分布函数 G. 在随机右截尾模型下, 不能完全观察到 X_i, 而仅能观察到

$$Y_i = \min\{T_i, \ C_i\},$$

$$\delta_i = I\{T_i \leqslant C_i\}, \quad i = 1, 2, \cdots, n.$$

观察到的数据对

$$(Y_i, \ \delta_i), \quad i = 1, 2, \cdots, n$$

就是 SRS 下随机截尾样本.

设 $Y_{(1)} \leqslant Y_{(2)} \leqslant \cdots \leqslant Y_{(n)}$ 是 Y_1, Y_2, $\cdots$, Y_n 的从小到大的次序值, $\delta_{(i)}$ 是对应于 $Y_{(i)}$ 的 δ 值, 即当 $Y_{(i)} = Y_j$ 时, $\delta_{(i)} = \delta_j$, 且设

$$r_i = \text{时刻} Y_{(i)} \text{之前仍然有效的个体数},$$
$$d_i = \text{在时刻} Y_{(i)} \text{的失效数},$$
$$p_i = P(T > Y_{(i)} \,|\, T > Y_{(i-1)}).$$

Kaplan 和 Meier[17] 定义了 SRS 下可靠度函数 $R(t)$ 的乘积限估计量, 其为

$$\hat{R}_{\mathrm{SRS}}(t) = \prod_{\{i: Y_{(i)} \leqslant t\}} \left(1 - \frac{d_i}{r_i}\right)^{\delta_{(i)}}. \tag{7.6}$$

在观察没有 "结" 时,

$$r_i = n - i + 1,$$

$$d_i = \begin{cases} 1, & \delta_{(i:n)} = 1, \\ 0, & \delta_{(i:n)} = 0. \end{cases}$$

于是, 当没有 "结" 时,

$$\hat{R}_{\mathrm{SRS}}(t) = \prod_{\{i: Y_{(i)} \leqslant t\}} \left(1 - \frac{1}{n - i + 1}\right)^{\delta_{(i)}}.$$

为了比较 SRSS 下直接乘积限估计量 $\hat{R}_{\mathrm{SRSS1}}(t)$ 和 SRS 下乘积限估计量 $\hat{R}_{\mathrm{SRS}}(t)$ 的估计效率, 我们进行了计算机模拟运算. 模拟数据来自以下两个寿命分布:

(i) 标准指数分布 Exp(1), 其可靠度函数为

$$R(t) = \mathrm{e}^{-t}, \quad t \geqslant 0.$$

(ii) 标准对数正态分布 LN(0, 1), 其可靠度函数为

$$R(t) = \frac{1}{\sqrt{2\pi}} \int_{\ln t}^{\infty} \mathrm{e}^{-\frac{1}{2}x^2} \mathrm{d}x, \quad t > 0.$$

在模拟过程中, 随机截尾变量的分布 G 选为区间 $[0, C]$ 上的均匀分布, 其中 C 是变动的, 可以使截尾数据百分比达到近似 10%, 20%和 30%. 样本量 n 的取值为 36 和 60, 排序小组数 m 的取值为 2, 4 和 6. 可靠度函数 $R(t)$ 的取值为 0.1, 0.25, 0.5, 0.75 和 0.9. 模拟次数为 10000 次.

对于模拟结果, 利用估计量的均方误差来评估估计效率. 详细地说, 对于总体可靠度函数 $R(t)$ 的任一估计量 $\hat{R}(t)$, 若第 i 次抽样所算出的估计值为 $\hat{R}_i(t)$, 则估计量 $\hat{R}(t)$ 的均方误差定义为

$$\mathrm{MSE}[\hat{R}(t)] = \frac{1}{N} \sum_{i=1}^{N} [\hat{R}_i(t) - \hat{R}(t)]^2,$$

其中 $N = 10000$ 是抽样次数. 显然, 均方误差的值越小, 估计量的估计效率越高. 这样, 估计量 $\hat{R}_{\mathrm{SRSS1}}(t)$ 和估计量 $\hat{R}_{\mathrm{SRS}}(t)$ 的模拟相对效率定义为它们均方误差比的倒数, 即

$$\mathrm{SRE}(\hat{R}_{\mathrm{SRSS1}}(t), \hat{R}_{\mathrm{SRS}}(t)) = \left[\frac{\mathrm{MSE}(\hat{R}_{\mathrm{SRSS1}}(t))}{\mathrm{MSE}(\hat{R}_{\mathrm{SRS}}(t))} \right]^{-1} = \frac{\mathrm{MSE}(\hat{R}_{\mathrm{SRS}}(t))}{\mathrm{MSE}(\hat{R}_{\mathrm{SRSS1}}(t))}.$$

表 7.1 计算了估计量 $\hat{R}_{\mathrm{SRSS1}}(t)$ 与估计量 $\hat{R}_{\mathrm{SRS}}(t)$ 的模拟相对效率. 从表中我们可以得到以下结论:

(i) 对于任意给定的寿命分布、截尾百分比、样本量 n、排序小组数 m 和可靠度函数 $R(t)$, 都有 $\mathrm{SRE}(\hat{R}_{\mathrm{SRSS1}}(t), \hat{R}_{\mathrm{SRS}}(t)) > 0$, 这说明 $\hat{R}_{\mathrm{SRSS1}}(t)$ 的估计效率高于 $\hat{R}_{\mathrm{SRS}}(t)$;

(ii) 对于任意给定的寿命分布、截尾百分比、样本量 n 和排序小组数 m, 当可靠度函数 $R(t)$ 的值越接近 0.5 时, $\mathrm{SRE}(\hat{R}_{\mathrm{SRSS1}}(t), \hat{R}_{\mathrm{SRS}}(t))$ 的值越大;

(iii) 对于任意给定的寿命分布、截尾百分比、样本量 n 和可靠度函数 $R(t)$, $\hat{R}_{\mathrm{SRSS1}}(t)$ 相对于 $\hat{R}_{\mathrm{SRS}}(t)$ 的优势随着排序小组数 m 的增加而增强.

另外, 为了从整体上更好地评价 $\hat{R}_{\mathrm{SRSS1}}(t)$ 和 $\hat{R}_{\mathrm{SRS}}(t)$ 的估计效率, 我们还分别计算了这两个估计量与总体可靠度函数 $R(t)$ 的 L_2 距离. 对于 $R(t)$ 的任一估计

量 $\hat{R}(t)$, $\hat{R}(t)$ 与 $R(t)$ 的 L_2 距离定义为

$$L_2(\hat{R}(t),\, R(t)) = \frac{1}{L}\sum_{l=1}^{L}[\hat{R}(t_l) - R(t_l)]^2,$$

表 7.1   可靠度函数估计量 $\hat{R}_{\mathrm{SRSS1}}(t)$ 与 $\hat{R}_{\mathrm{SRS}}(t)$ 的模拟相对效率

n	截尾 百分比	$R(t)$	Exp(1)			LN(0,1)		
			$m=2$	$m=4$	$m=6$	$m=2$	$m=4$	$m=6$
36	0.1	0.10	1.0565	1.1073	1.1753	1.0573	1.1443	1.2310
		0.25	1.1717	1.3951	1.5977	1.1218	1.4346	1.6509
		0.50	1.1802	1.6108	1.9885	1.1851	1.6716	1.9019
		0.75	1.1157	1.4576	1.7033	1.1364	1.4952	1.7357
		0.90	1.0672	1.1388	1.3938	1.0682	1.1973	1.3136
	0.2	0.10	1.0667	1.0930	1.1746	1.0724	1.1090	1.1519
		0.25	1.0715	1.3034	1.5289	1.1111	1.3985	1.5716
		0.50	1.2018	1.5115	1.9197	1.1818	1.5815	1.8665
		0.75	1.1364	1.3985	1.6742	1.1313	1.4674	1.7055
		0.90	1.0719	1.1349	1.2303	1.0873	1.1539	1.2773
	0.3	0.10	1.0721	1.0963	1.1702	1.0743	1.1157	1.1822
		0.25	1.0695	1.2687	1.3222	1.1437	1.3079	1.4587
		0.50	1.1977	1.5420	1.7047	1.1888	1.6141	1.8347
		0.75	1.1265	1.4505	1.6773	1.1412	1.4599	1.7379
		0.90	1.0827	1.1246	1.2794	1.0857	1.1244	1.2907
60	0.1	0.10	1.0727	1.1388	1.2087	1.0660	1.1215	1.2786
		0.25	1.1688	1.4576	1.7682	1.1372	1.4852	1.7176
		0.50	1.2500	1.6366	2.0553	1.2396	1.6745	1.9955
		0.75	1.1189	1.5011	1.7682	1.1538	1.4700	1.7147
		0.90	1.0906	1.2427	1.3642	1.1090	1.1821	1.2723
	0.2	0.10	1.0690	1.1184	1.1621	1.0656	1.0705	1.1116
		0.25	1.1019	1.3686	1.5310	1.1144	1.3518	1.5203
		0.50	1.2567	1.6134	1.8922	1.2208	1.5525	1.8922
		0.75	1.1111	1.4700	1.6166	1.1888	1.4418	1.7682
		0.90	1.1039	1.1588	1.2379	1.1364	1.1821	1.3486
	0.3	0.10	1.0421	1.1280	1.1741	1.0670	1.1334	1.1799
		0.25	1.0955	1.3483	1.4234	1.1548	1.3483	1.5325
		0.50	1.1888	1.6258	1.8045	1.2201	1.6258	1.9658
		0.75	1.1448	1.5155	1.7682	1.1688	1.5285	1.8751
		0.90	1.0548	1.2306	1.3886	1.0685	1.2408	1.3429

其中 t_l, $l = 1, 2, \cdots, L$ 是从 S 的定义域中选择出来的具有代表性的点, 我们在模拟运算中每次都选择了 50 个代表点. 显然, 估计量的 L_2 距离越小, 表示其整体估计效率越高.

表 7.2 给出了 SRS 下估计量 $\hat{R}_{\text{SRS}}(t)$ 的 L_2 距离. 表 7.3 给出了 SRSS 下估计量 $\hat{R}_{\text{SRSS1}}(t)$ 的 L_2 距离. 从这两个表可以看出:

(i) 对于任意给定的寿命分布、截尾百分比、样本量 n 和排序小组数 m, $\hat{R}_{\text{SRSS1}}(t)$ 的 L_2 距离都小于 $\hat{R}_{\text{SRS}}(t)$ 的 L_2 距离, 这说明 $\hat{R}_{\text{SRSS1}}(t)$ 的整体估计效率高于 $\hat{R}_{\text{SRS}}(t)$;

(ii) 对于任意给定的寿命分布、样本量 n 和排序小组数 m, $\hat{R}_{\text{SRSS1}}(t)$ 和 $\hat{R}_{\text{SRS}}(t)$ 的整体估计效率都随着截尾百分比的增大而减小;

(iii) 对于任意给定的寿命分布、截尾百分比和排序小组数 m, $\hat{R}_{\text{SRSS1}}(t)$ 和 $\hat{R}_{\text{SRS}}(t)$ 的整体估计效率都随着样本量 n 的增大而增强;

(iv) 对于任意给定的寿命分布、截尾百分比和样本量 n, $\hat{R}_{\text{SRSS1}}(t)$ 的整体估计效率随着排序小组数 m 的增大而增强.

表 7.2　简单随机抽样下乘积限估计量 $\hat{R}_{\text{SRS}}(t)$ 的 L_2 距离

截尾 百分比	Exp(1)		LN(0, 1)	
	$n = 36$	$n = 60$	$n = 36$	$n = 60$
0.1	0.0059	0.0037	0.0058	0.0036
0.2	0.0067	0.0041	0.0066	0.0039
0.3	0.0081	0.0048	0.0079	0.0049

表 7.3　排序集抽样下直接乘积限估计量 $\hat{R}_{\text{SRSS1}}(t)$ 的 L_2 距离

n	截尾 百分比	Exp(1)			LN(0, 1)		
		$m = 2$	$m = 4$	$m = 6$	$m = 2$	$m = 4$	$m = 6$
36	0.1	0.0051	0.0043	0.0038	0.0053	0.0042	0.0037
	0.2	0.0063	0.0052	0.0045	0.0061	0.0048	0.0044
	0.3	0.0076	0.0064	0.0061	0.0069	0.0060	0.0056
60	0.1	0.0030	0.0026	0.0023	0.0032	0.0025	0.0022
	0.2	0.0037	0.0031	0.0028	0.0035	0.0030	0.0027
	0.3	0.0045	0.0036	0.0034	0.0042	0.0036	0.0032

7.2　可靠度函数的均秩型乘积限估计

从 SRSS 方法的抽样过程可知, 标准排序集样本包含各个次序的信息相同. 为了进一步提高估计效率, 本节采用平均秩思想, 构建总体可靠度函数 $R(t)$ 的均秩型乘积限估计量, 分析其统计性质, 并计算其估计效率.

7.2.1　估计量的定义

令 $T_{(i)j}$, $i = 1, 2, \cdots, m$; $j = 1, 2, \cdots, k$ 是抽自总体 T 的标准排序集样本,

样本量 $n = mk$; C_{ij}, $i = 1, 2, \cdots, m$; $j = 1, 2, \cdots, k$ 是非负独立同分布表示截尾的随机变量, 具有分布函数 G. 在随机右截尾模型下, 我们得到 SRSS 下随机截尾样本

$$(Y_{(i)j}, \delta_{(i)j}), \quad i = 1, 2, \cdots, m; \quad j = 1, 2, \cdots, k,$$

其中

$$Y_{(i)j} = \min\{T_{(i)j}, C_{ij}\},$$

$$\delta_{(i)j} = I\{T_{(i)j} \leqslant C_{ij}\}, \quad i = 1, 2, \cdots, m; \quad j = 1, 2, \cdots, k.$$

由 SRSS 方法的抽样过程可知, $T_{(i)j}$ 可看作总体 T 的样本量为 m 的简单随机样本的第 i 次序统计量的第 j 次观察, 因此 $T_{(i)j}$ 的分布与 j 无关. 令 $f(t)$ 表示总体 T 的概率密度函数, 对于任意给定的 $i(i = 1, 2, \cdots, m)$ 和 $j(j = 1, 2, \cdots, k)$, $T_{(i)j}$ 的概率密度函数和可靠度函数分别为

$$f_{(i)}(t) = i \begin{pmatrix} m \\ i \end{pmatrix} R^{m-i}(t)[1 - R(t)]^{i-1} f(t)$$

和

$$R_{(i)}(t) = \int_t^\infty f_{(i)}(u)\mathrm{d}u = i \begin{pmatrix} m \\ i \end{pmatrix} \int_0^{R(t)} u^{m-i}(1-u)^{i-1}\mathrm{d}u.$$

对于任意给定的 $i(i = 1, 2, \cdots, m)$ 和 $j(j = 1, 2, \cdots, k)$, SRSS 下随机截尾样本中 $Y_{(i)j}$ 的分布函数为

$$\begin{aligned} H_{(1)}(t) &= P(Y_{(i)j} \leqslant t) \\ &= P(\min\{T_{(i)j}, C_{ij}\} \leqslant t) \\ &= 1 - P(\min\{T_{(i)j}, C_{ij}\} > t) \\ &= 1 - P(T_{(i)j} > t, C_{ij} > t) \\ &= 1 - P(T_{(i)j} > t)P(C_{ij} > t) \\ &= 1 - R_{(i)}(t)[1 - G(t)]. \end{aligned} \tag{7.7}$$

为了构建总体可靠度函数 $R(t)$ 的估计量, 先陈述一个重要的引理. 下面引理的结论和 Stokes 和 Sager[2] 给出的结论虽然类似, 但是证明方法不同.

引理 7.1 对于给定的排序小组数 m 和任意 $t \geqslant 0$ 有

$$\frac{1}{m} \sum_{i=1}^m R_{(i)}(t) = R(t).$$

证明 令 $T_{(i)}$ 为总体 T 的简单随机样本 T_1, T_2, $\cdots$, T_m 中次序为 i 的样本单元, 则 $T_{(i)}$ 的可靠度函数为 $R_{(i)}(t)$, $i = 1, 2, \cdots, m$. 令

$$Z = \sum_{i=1}^{m} Z_i,$$

其中

$$Z_i = I\{T_i > t\}, \quad i = 1, 2, \cdots, m.$$

则

$$E(Z) = \sum_{i=1}^{m} E[I\{T_i > t\}] = \sum_{i=1}^{m} P(T_i > t) = mR(t).$$

那么

$$\begin{aligned}
\sum_{i=1}^{m} R_{(i)}(t) &= \sum_{i=1}^{m} P(T_{(i)} > t) \\
&= \sum_{i=1}^{m} P(T_1, T_2, \cdots, T_m \text{ 至少有 } m - i + 1 \text{ 个超过 } t) \\
&= \sum_{i=1}^{m} P(Z \geqslant m - i + 1) \\
&= \sum_{j=1}^{m} P(Z \geqslant j) \\
&= E(Z) = mR(t).
\end{aligned}$$

证毕

对于任意给定的 $i(i = 1, 2, \cdots, m)$, $Y_{(i)1}$, $Y_{(i)2}$, $\cdots$, $Y_{(i)k}$ 可以看作可靠度函数为 $R_{(i)}(t)$ 的 SRS 下随机截尾样本. 这样, 我们可以利用 SRS 下乘积限估计方法来估计 $R_{(i)}(t)$, 再利用引理 7.1 来构造 $R(t)$ 的估计量, 我们把这种估计方法称为均秩型乘积限估计, 下面介绍这个估计的构造.

对于任意给定的 $i(i = 1, 2, \cdots, m)$, 令

$$Y_{(i,1:k)} \leqslant Y_{(i,2:k)} \leqslant \cdots \leqslant Y_{(i,k:k)}$$

是 $Y_{(i)1}$, $Y_{(i)2}$, $\cdots$, $Y_{(i)k}$ 的从小到大的次序值. $\delta_{(i,r:k)}$ 为相应于 $Y_{(i,r:k)}$ 的 δ, 即当 $Y_{(i,r:k)} = Y_{(i)j}$ 时, $\delta_{(i,r:k)} = \delta_{(i)j}$. 设

$$n_{(i,r:k)} = \text{时刻} Y_{(i,r:k)} \text{之前仍然有效的个体数},$$
$$d_{(i:r:k)} = \text{在时刻} Y_{(i,r:k)} \text{的失效数}.$$

借助 SRS 下 Kaplan-Meier 乘积限估计量的构造思想[17], $R_{(i)}(t)$ 的乘积限估计量为

$$\hat{R}_{(i)}(t) = \prod_{\{r: Y_{(i,r:k)} \leqslant t\}} \left(1 - \frac{d_{(i,r:k)}}{n_{(i,r:k)}} \right)^{\delta_{(i,r:k)}}, \quad i = 1, 2, \cdots, m. \tag{7.8}$$

特别地, 当 $Y_{(i)1}$, $Y_{(i)2}$, $\cdots$, $Y_{(i)k}$ 没有 "结" 时,

$$\hat{R}_{(i)}(t) = \prod_{\{r:Y_{(i,r:k)} \leqslant t\}} \left(1 - \frac{1}{k-r+1}\right)^{\delta_{(i,r:k)}}, \quad i = 1, 2, \cdots, m. \quad (7.9)$$

根据公式 (7.8) 和引理 7.1, 采用平均秩思想, SRSS 下总体可靠度函数 $R(t)$ 的均秩型乘积限估计量定义为

$$\hat{R}_{\mathrm{SRSS2}}(t) = \frac{1}{m} \sum_{i=1}^{m} \hat{R}_{(i)}(t)$$

$$= \frac{1}{m} \sum_{i=1}^{m} \prod_{\{r:Y_{(i,r:k)} \leqslant t\}} \left(1 - \frac{d_{(i,r:k)}}{n_{(i,r:k)}}\right)^{\delta_{(i,r:k)}}. \quad (7.10)$$

特别地, 当 $Y_{(i)1}$, $Y_{(i)2}$, $\cdots$, $Y_{(i)k}$ 没有 "结" 时, 根据公式 (7.9) 和 (7.10), 得

$$\hat{R}_{\mathrm{SRSS2}}(t) = \frac{1}{m} \sum_{i=1}^{m} \prod_{\{r:Y_{(i,r:k)} \leqslant t\}} \left(1 - \frac{1}{k-r+1}\right)^{\delta_{(i,r:k)}}. \quad (7.11)$$

另外, 当 $m = 1$ 时, $\hat{R}_{\mathrm{SRSS2}}(t)$ 就是定义的 SRS 下 Kaplan-Meier 乘积限估计量, 即

$$\hat{R}_{\mathrm{SRSS2}}(t) = \hat{R}_{\mathrm{SRS}}(t).$$

当无截尾数据时, $\hat{R}_{\mathrm{SRSS2}}(t)$ 为基于标准排序集样本的经验可靠度函数, 即

$$\hat{R}_{\mathrm{SRSS2}}(t) = \sum_{i=1}^{m} \sum_{j=1}^{k} I\{T_{(i)j} > t\}.$$

7.2.2　强收敛性

令 T_1, T_2, $\cdots$, T_m 为总体 T 的简单随机样本, 截尾时间 C_1, C_2, $\cdots$, C_m 独立同分布 G. 令 $\tilde{T}_i = \min\{T_i, C_i\}$, $i = 1, 2, \cdots, m$. 显然 $\tilde{T}_i$ 的分布函数为

$$H(t) = P(\tilde{T}_i \leqslant t) = 1 - [1 - F(t)][1 - G(t)], \quad i = 1, 2, \cdots, m, \quad (7.12)$$

其中 $F(t)$ 为总体 T 的分布函数.

令 $T_{(i)}$ 为总体 T 的简单随机样本 T_1, T_2, $\cdots$, T_m 中次序为 i 的样本单元, $i = 1, 2, \cdots, m$. 定义

$$\tilde{T}_{(i)} = \min\{T_{(i)}, C_i\},$$

$$\delta_{(i)} = I\{T_{(i)} \leqslant C_i\}, \quad i = 1, 2, \cdots, m.$$

$\tilde{T}_{(i)}$ 的分布函数为

$$H_{(i)}(t) = P(\tilde{T}_{(i)} \leqslant t) = 1 - [1 - F_{(i)}(t)][1 - G(t)], \quad i = 1, 2, \cdots, m, \tag{7.13}$$

其中 $F_{(i)}(t)$ 为第 i 次序统计量 $T_{(i)}$ 的分布函数.

借助于 Peterson 表达式[19], 下面的定理证明了 SRSS 下均秩型乘积限估计量 $\hat{R}_{\text{SRSS2}}(t)$ 的强相合性. 为记号上统一, 以后在不特殊申明的情形下, 对于任意分布函数 $\Xi(t)$, 定义 $\bar{\Xi}(t) = 1 - \Xi(t)$ 和 $\tau_\Xi = \inf\{t : \Xi(t) = 1\}$.

定理 7.2 若总体 T 的分布函数 F 与截尾变量的分布函数 G 相互独立且没有共同的跳跃点, 则对于固定的 m 和任意的 $t \in [0, \tau_{H_{(0)}})$, 当 $n \to \infty$ 时, 有

$$\hat{R}_{\text{SRSS2}}(t) \xrightarrow{\text{a.s.}} R(t),$$

其中,

$$H_{(0)}(t) = \min\{H_{(1)}(t), H_{(2)}(t), \cdots, H_{(m)}(t)\}.$$

证明 在公式 (7.13) 的基础上, 定义子可靠度函数

$$\bar{H}_{(i)}^0(t) = P(\tilde{T}_{(i)} > t, \delta_{(i)} = 0),$$

$$\bar{H}_{(i)}^1(t) = P(\tilde{T}_{(i)} > t, \delta_{(i)} = 1), \quad i = 1, 2, \cdots, m,$$

有

$$\bar{H}_{(i)}(t) = \bar{H}_{(i)}^0(t) + \bar{H}_{(i)}^1(t) = [1 - F_{(i)}(t)][1 - G(t)].$$

再根据 $\tilde{T}_{(i)}$ 和 $\delta_{(i)}$ 的定义, 有

$$\bar{H}_{(i)}^0(t) = P(C_i > t, T_{(i)} > C_i) = \int_t^\infty [1 - F_{(i)}(u)]\mathrm{d}G(u),$$

$$\bar{H}_{(i)}^1(t) = P(T_{(i)} > t, T_{(i)} \leqslant C_i) = \int_t^\infty [1 - G(u)]\mathrm{d}F_{(i)}(u), \quad i = 1, 2, \cdots, m.$$

对于给定的 $i(i = 1, 2, \cdots, m)$, 显然有

$$R_{(i)}(t) = 1 - F_{(i)}(t),$$

我们首先证明 $R_{(i)}(t)$ 能表示成 $\bar{H}_{(i)}^0(t)$ 和 $\bar{H}_{(i)}^1(t)$ 的函数, 分两种情况讨论:

(i) 若 $\bar{H}_{(i)}^1(t)$ 在 (t_1, t_2) 连续, 则

$$\int_{t_1}^{t_2} \frac{\mathrm{d}\bar{H}_{(i)}^1(t)}{\bar{H}_{(i)}^0(t) + \bar{H}_{(i)}^1(t)} = \int_{t_1}^{t_2} \frac{-[1 - G(u)]\mathrm{d}F_{(i)}(u)}{[1 - F_{(i)}(u)][1 - G(u)]}$$

$$= \int_{t_1}^{t_2} \frac{-\mathrm{d}F_{(i)}(u)}{[1 - F_{(i)}(u)]}$$

$$= \int_{t_1}^{t_2} \frac{\mathrm{d}R_{(i)}(u)}{R_{(i)}(u)}$$

$$= \ln \frac{R_{(i)}(t_2)}{R_{(i)}(t_1)}.$$

(ii) 若 $\bar{H}_{(i)}^1(t)$ 在 t 有跳跃点, 但 $\bar{H}_{(i)}^0(t)$ 在 t 连续, 则

$$\ln \frac{\bar{H}_{(i)}^0(t+) + \bar{H}_{(i)}^1(t+)}{\bar{H}_{(i)}^0(t-) + \bar{H}_{(i)}^1(t-)} = \ln \frac{\bar{H}_{(i)}(t+)}{\bar{H}_{(i)}(t-)}$$

$$= \ln \frac{[1 - F_{(i)}(t+)][1 - G(t+)]}{[1 - F_{(i)}(t-)][1 - G(t-)]}$$

$$= \ln \frac{1 - F_{(i)}(t+)}{1 - F_{(i)}(t-)}$$

$$= \ln \frac{R_{(i)}(t+)}{R_{(i)}(t-)}.$$

因 F 与 G 没有共同的跳跃点, 再由 (i) 与 (ii), 得

$$R_{(i)}(t) = \exp \left\{ c_i \int_0^t \frac{\mathrm{d}\bar{H}_{(i)}^1(u)}{\bar{H}_{(i)}^0(u) + \bar{H}_{(i)}^1(u)} + d_i \sum_{u \leqslant t} \ln \left[\frac{\bar{H}_{(i)}^0(t+) + \bar{H}_{(i)}^1(t+)}{\bar{H}_{(i)}^0(t-) + \bar{H}_{(i)}^1(t-)} \right] \right\}, \quad (7.14)$$

其中

$$c_i \int = \bar{H}_{(i)}^1(t) \text{的连续区间的积分,}$$

$$d_i \sum = \bar{H}_{(i)}^1(t) \text{的所有跳跃点上求和.}$$

公式 (7.14) 称 $R_{(i)}(t)$ 为 Peterson 表达式, 它把 $R_{(i)}(t)$ 写成如下形式:

$$R_{(i)}(t) = \Psi(\bar{H}_{(i)}^0, \bar{H}_{(i)}^1, t).$$

下面, 我们用排序集样本来定义的子经验分布函数

$$\hat{\bar{H}}_{(i)}^0(t) = \frac{1}{k} \sum_{j=1}^{k} I\{Y_{(i)j} > t, \delta_{ij} = 0\},$$

$$\hat{\bar{H}}_{(i)}^1(t) = \frac{1}{k} \sum_{j=1}^{k} I\{Y_{(i)j} > t, \delta_{ij} = 1\}.$$

因为 $F_{(i)}$ 与 G 的乘积限估计没有共同的跳跃点, 所以

$$\hat{R}_{(i)}(t) = \Psi(\hat{\bar{H}}_{(i)}^0, \; \hat{\bar{H}}_{(i)}^1, \; t).$$

由 Glivenko-Cantelli 引理, 当 $n \to \infty$ 时, 对 t 一致有

$$\hat{\bar{H}}_{(i)}^0(t) \xrightarrow{\text{a.s.}} \bar{H}_{(i)}^0(t),$$

$$\hat{\bar{H}}_{(i)}^1(t) \xrightarrow{\text{a.s.}} \bar{H}_{(i)}^1(t).$$

另一方面, 注意到 Ψ 关于上确界范数连续, 因而当 $n \to \infty$ 时,

$$\hat{R}_{(i)}(t) = \Psi(\hat{\bar{H}}_{(i)}^0(t), \; \hat{\bar{H}}_{(i)}^1(t), \; t) \xrightarrow{\text{a.s.}} \Psi(\bar{H}_{(i)}^0, \; \bar{H}_{(i)}^1, \; t).$$

再由引理 7.1 知

$$R(t) = \frac{1}{m} \sum_{i=1}^m R_{(i)}(t) = \frac{1}{m} \sum_{i=1}^m \Psi(\bar{H}_{(i)}^0, \; \bar{H}_{(i)}^1, \; t).$$

所以, 当 $n \to \infty$ 时,

$$\hat{R}_{\text{SRSS2}}(t) = \frac{1}{m} \sum_{i=1}^m \hat{R}_{(i)}(t) \xrightarrow{\text{a.s.}} R(t). \qquad\qquad 证毕$$

7.2.3　强收敛速度

下面的定理确定了 SRSS 下均秩型乘积限估计量 $\hat{R}_{\text{SRSS2}}(t)$ 的强收敛速度.

定理 7.3　对于任意给定的 m, 若 F 与 G 连续, 且 $\tau_{F_{(i)}} < \tau_G \leqslant \infty$, $i = 1, 2, \cdots, m$, 则以概率 1, 有

$$\sup_{t < \tau_{F_{(0)}}} \left| \hat{R}_{\text{SRSS2}}(t) - R(t) \right| \leqslant O\left(\sqrt{\frac{\ln \ln n}{n}} \right), \quad n \to \infty,$$

其中

$$\tau_{F_{(0)}} = \min\{\tau_{F_{(1)}}, \; \tau_{F_{(2)}}, \; \cdots, \; \tau_{F_{(m)}}\}.$$

证明　对于任意给定的 $i(i = 1, 2, \cdots, m)$, $\hat{R}_{(i)}(t)$ 可看作 $R_{(i)}(t)$ 的 SRS 下 Kaplan-Meier 乘积限估计量. 根据文献 [20], 当 $k \to \infty$ 时, 以概率 1, 有

$$\sup_{t < \tau_{F_{(i)}}} \left| \hat{R}_{(i)}(t) - R_{(i)}(t) \right| = O\left(\sqrt{\frac{\ln \ln k}{k}} \right).$$

再由强收敛性质、引理 7.1、公式 (7.10) 和三角不等式知, 当 $k \to \infty$ 时, 以概率 1, 有

$$
\sup_{t < \tau_{F_{(0)}}} \left| \hat{R}_{\mathrm{SRSS2}}(t) - R(t) \right| \leqslant \frac{1}{m} \sup_{t < \tau_{F_{(0)}}} \left| \sum_{i=1}^{m} \hat{R}_{(i)}(t) - \sum_{i=1}^{m} R_{(i)}(t) \right|
$$

$$
\leqslant \frac{1}{m} \sup_{t < \tau_{F_{(0)}}} \sum_{i=1}^{m} \left| \hat{R}_{(i)}(t) - R_{(i)}(t) \right|
$$

$$
\leqslant \frac{1}{m} \sum_{i=1}^{m} \sup_{t < \tau_{F_{(i)}}} \left| \hat{R}_{(i)}(t) - R_{(i)}(t) \right|
$$

$$
= O\left(\sqrt{\frac{\ln \ln k}{k}} \right).
$$

又对于给定的 $m, k \to \infty$ 等价于 $n \to \infty$, 定理即可得证.　　　　　　　　证毕

7.2.4　渐近正态性

为了证明 SRSS 下均秩型乘积限估计量 $\hat{R}_{\mathrm{SRSS2}}(t)$ 的渐近正态性, 我们首先回顾 SRS 下乘积限估计量 $\hat{R}_{\mathrm{SRS}}(t)$ 的渐近性质[21,22]. 令

$$
F_n(t) = \hat{F}_{\mathrm{SRS}}(t) = 1 - \hat{R}_{\mathrm{SRS}}(t)
$$

是总体 T 分布函数 $F(t)$ 的 SRS 乘积限估计量, 且设 $\varphi(t)$ 是一个得分函数.

在公式 (7.12) 的基础上, 定义子分布函数

$$
H^0(t) = P(C_i \leqslant t, \, T_i > C_i) = \int_0^t [1 - F(u)] \mathrm{d}G(u)
$$

和

$$
H^1(t) = P(T_i \leqslant t, \, T_i \leqslant C_i) = \int_0^t [1 - G(u)] \mathrm{d}F(u).
$$

另外, 记

$$
\gamma_0(t) = \exp\left\{ \int_0^t \frac{\mathrm{d}H^0(v)}{\bar{H}(v)} \right\},
$$

$$
\gamma_1(t) = \frac{1}{\bar{H}(t)} \int_0^\infty I\{t < u\} \varphi(u) \gamma_0(u) \mathrm{d}H^1(u)
$$

和

$$
\gamma_2(t) = \int_0^\infty \int_0^\infty \frac{I\{v < t, \, v < u\} \varphi(u) \gamma_0(u)}{[\bar{H}(v)]^2} \mathrm{d}H^0(v) \mathrm{d}H^1(u).
$$

根据文献 [21] 中的定理 1.1, 我们得到以下引理.

引理 7.2 如果

$$\int_0^\infty \varphi^2(t)\gamma_0^2(t)\mathrm{d}H^1(t) < \infty$$

和

$$\int_0^\infty |\varphi(v)| \left[\int_0^v \frac{\mathrm{d}G(u)}{\bar{H}(u)\bar{G}(u)} \right]^{1/2} \mathrm{d}F(v) < \infty,$$

那么

$$\int_0^\infty \varphi(t)\mathrm{d}F_n(t) = \frac{1}{n}\sum_{i=1}^n \varphi(Y_i)\gamma_0(Y_i)\delta_i + n^{-1}\sum_{i=1}^n \gamma_1(Y_i)(1-\delta_i) - n^{-1}\sum_{i=1}^n \gamma_2(Y_i) + R_n,$$

其中

$$|R_n| = o_P(n^{-1/2}).$$

根据引理 7.2, 我们可以得到以下推论.

推论 7.1 在引理 7.2 的条件下, 当 $n \to \infty$, 有

$$\sqrt{n}\int_0^\infty \varphi(t)[\mathrm{d}F_n(t) - \mathrm{d}F(t)] \xrightarrow{L} N(0, \sigma_F^2(t)),$$

其中

$$\sigma_F^2(t) = \mathrm{Var}\left[\varphi(Y)\gamma_0(Y)\delta + \gamma_1(Y)(1-\delta) - \gamma_2(Y)\right].$$

当 $\varphi(t) = I\{t \leqslant x\}$ 时, $\int_0^\infty \varphi(t)\mathrm{d}F(t) = F(x)$. 另外由文献 [15] 知, 当 $t \leqslant b \leqslant \tau_H$ 时, 引理 7.2 的两个条件都成立. 这样由推论 7.1 我们可以直接得到以下定理.

定理 7.4 若 $t \leqslant b \leqslant \tau_H$, 则当 $n \to \infty$ 时, 有

$$\sqrt{n}(\hat{R}_{\mathrm{SRS}}(t) - R(t)) \xrightarrow{L} N(0, \sigma_{\mathrm{SRS}}^2(t)),$$

其中

$$\sigma_{\mathrm{SRS}}^2(t) = R^2(t)\int_0^t \frac{\mathrm{d}H^1(u)}{[\bar{H}(u)]^2}.$$

定理 7.4 说明了当估计总体可靠度函数时, SRS 下乘积限估计量 $\hat{R}_{\mathrm{SRS}}(t)$ 具有渐近正态性.

令 $T_{(i)j}$, $i = 1, 2, \cdots, m$; $j = 1, 2, \cdots, k$ 是抽自总体 T 的标准排序集样本, 样本量 $n = mk$; C_{ij}, $i = 1, 2, \cdots, m$; $j = 1, 2, \cdots, k$ 独立同分布, 具有分布函数 G. 在随机右截尾模型下, 我们得到 SRSS 下随机截尾样本 $(Y_{(i)j}, \delta_{(i)j})$, $i = 1, 2, \cdots, m$; $j = 1, 2, \cdots, k$. 公式 (7.7) 给出了 $Y_{(i)j} = \min\{T_{(i)j}, C_{ij}\}$ 的分布函数 $H_{(i)}(t)$, 在此基础上, $Y_{(i)j}$ 的两个子分布函数分别定义为

$$H_{(i)}^0(t) = P(Y_{(i)j} \leqslant t, \delta_{(i)j} = 0)$$

$$= P(C_{ij} \leqslant t, \, T_{(i)j} > C_{ij})$$

$$= \int_0^t [1 - F_{(i)}(u)] \mathrm{d}G(u) \tag{7.15}$$

和

$$H_{(i)}^1(t) = P(Y_{(i)j} \leqslant t, \, \delta_{(i)j} = 1)$$

$$= P(T_{(i)j} \leqslant t, \, T_{(i)j} \leqslant C_{ij})$$

$$= \int_0^t [1 - G(u)] \mathrm{d}F_{(i)}(u). \tag{7.16}$$

对于任意给定的 $i(i = 1, \, 2, \, \cdots, \, m)$, 记

$$\gamma_{0i}(t) = \exp\left\{ \int_0^t \frac{\mathrm{d}H_{(i)}^0(v)}{\bar{H}_{(i)}(v)} \right\},$$

$$\gamma_{1i}(t) = \frac{1}{\bar{H}_{(i)}(t)} \int_0^\infty I\{t < u\} \varphi(u) \gamma_{0i}(u) \mathrm{d}H_{(i)}^1(u)$$

和

$$\gamma_{2i}(t) = \int_0^\infty \int_0^\infty \frac{I\{v < t, \, v < u\} \varphi(u) \gamma_{0i}(u)}{[\bar{H}_{(i)}(v)]^2} \mathrm{d}H_{(i)}^0(v) \mathrm{d}H_{(i)}^1(u).$$

令

$$\hat{F}_{\mathrm{SRSS2}}(t) = 1 - \hat{R}_{\mathrm{SRSS2}}(t),$$

$$\hat{F}_{(i)}(t) = 1 - \hat{R}_{(i)}(t), \quad i = 1, \, 2, \, \cdots, \, m.$$

由公式 (7.10) 知

$$\hat{F}_{\mathrm{SRSS2}}(t) = \frac{1}{m} \sum_{i=1}^m \hat{F}_{(i)}(t). \tag{7.17}$$

定理 7.5　在引理 7.2 的条件下, 如果 F 和 G 是连续的, 当 $n \to \infty(k \to \infty)$ 时, 有

$$\int_0^\infty \varphi(t) \mathrm{d}(\hat{F}_{\mathrm{SRSS2}}(t) - F(t)) \xrightarrow{L} N(0, \, \sigma_m^2),$$

其中

$$\sigma_m^2 = \frac{1}{m} \sum_{i=1}^m \mathrm{Var}\left[\varphi(Y_{(i)}) \gamma_{0i}(Y_{(i)}) \delta_{(i)} + \gamma_{1i}(Y_{(i)})(1 - \delta_{(i)}) - \gamma_{2i}(Y_{(i)}) \right].$$

证明　对于给定的排序小组数 m 和任意 $t \geqslant 0$, 根据引理 7.1, 有

$$\frac{1}{m} \sum_{i=1}^m F_{(i)}(t) = F(t).$$

根据公式 (7.17) 和 $n = mk$, 有

$$\sqrt{n} \int_0^\infty \varphi(t) \mathrm{d}(\hat{F}_{\mathrm{SRSS2}}(t) - F(t)) = \frac{1}{\sqrt{m}} \sum_{i=1}^m \sqrt{k} \int_0^\infty \varphi(t) \mathrm{d}(\hat{F}_{(i)}(t) - F_{(i)}(t)).$$

因为对于每个 $i(i = 1, 2, \cdots, m)$, $(Y_{(i)1}, \delta_{(i)1})$, $(Y_{(i)2}, \delta_{(i)2})$, $\cdots$, $(Y_{(i)k}, \delta_{(i)k})$ 可看作 SRS 下随机截尾样本, 所以 $\hat{F}_{(i)}(t)$ 可以看成 SRS 下 $F_{(i)}(t)$ 的乘积限估计量. 这样, 根据定理 7.1 和推论 7.1, 对每个 $i(i = 1, 2, \cdots, m)$, 只需证明

$$\int_0^\infty \varphi^2(t) \gamma_{0i}^2(t) \mathrm{d}H_{(i)}^1(t) < \infty \tag{7.18}$$

和

$$\int_0^\infty |\varphi(v)| \left[\int_0^v \frac{\mathrm{d}G(u)}{\bar{H}_{(i)}(u)\bar{G}(u)} \right]^{1/2} \mathrm{d}F_{(i)}(v) < \infty, \tag{7.19}$$

关于公式 (7.18), 由于 F 和 G 是连续的, $\gamma_{0i}(x) = [1 - G(x)]^{-1}$, 再根据公式 (7.16), 有

$$\begin{aligned}
\int_0^\infty \varphi^2(t) \gamma_{0i}^2(t) \mathrm{d}H_{(i)}^1(t) &= \int_0^\infty \frac{\varphi^2(t)}{1 - G(t)} \mathrm{d}F_{(i)}(x) \\
&\leqslant \sum_{i=1}^m \int_0^\infty \frac{\varphi^2(t)}{1 - G(t)} \mathrm{d}F_{(i)}(x) \\
&= m \int_0^\infty \frac{\varphi^2(t)}{1 - G(t)} \mathrm{d}F(x) < \infty.
\end{aligned}$$

关于公式 (7.19), 对于每个 $i(i = 1, 2, \cdots, m)$, 根据公式 (6.5), 有

$$\begin{aligned}
1 - F_{(i)}(t) = R_{(i)}(t) &= \sum_{u=0}^{i-1} \binom{m}{u} [F(t)]^u [1 - F(t)]^{m-u} \\
&= [1 - F(t)]^{m-i+1} \sum_{u=0}^{i-1} \binom{m}{u} [F(t)]^u [1 - F(t)]^{i-u-1} \\
&\geqslant [1 - F(t)]^{m-i+1} \sum_{u=0}^{i-1} \binom{i-1}{u} [F(t)]^u [1 - F(t)]^{i-u-1} \\
&\geqslant [1 - F(t)]^{m-i+1}. \tag{7.20}
\end{aligned}$$

值得注意的是, 当 $i = 1$ 时,

$$1 - F_{(1)}(t) \geqslant [1 - F(t)]^m.$$

对于每个 $i(i = 1, 2, \cdots, m)$, 根据公式 (6.2), 得

$$f_{(i)}(t) = i \binom{m}{i} [F(t)]^{i-1} [1 - F(t)]^{m-i} f(t)$$

$$\leqslant i \binom{m}{i} [1 - F(t)]^{m-i} f(t).$$

再根据公式 (7.12) 和 (7.13), 得

$$\int_0^\infty |\varphi(v)| \left[\int_0^v \frac{\mathrm{d}G(u)}{\bar{H}_{(i)}(u)\bar{G}(u)} \right]^{1/2} \mathrm{d}F_{(i)}(v)$$

$$= \int_0^\infty |\varphi(v)| \left[\int_0^v \frac{\mathrm{d}G(u)}{[1 - F_{(i)}(u)][1 - G(u)]^2} \right]^{1/2} f_{(i)}(v)\mathrm{d}v$$

$$\leqslant i \binom{m}{i} \int_0^\infty |\varphi(v)| \left[\int_0^v \frac{\mathrm{d}G(u)}{[1 - F(u)]^{m-i+1}[1 - G(u)]^2} \right]^{1/2} [1 - F(v)]^{m-i}\mathrm{d}F(v)$$

$$\leqslant i \binom{m}{i} \int_0^\infty |\varphi(v)| \left[\int_0^v \frac{\mathrm{d}G(u)}{[1 - F(u)][1 - G(u)]^2} \right]^{1/2} [1 - F(v)]^{(m-i)/2}\mathrm{d}F(v)$$

$$\leqslant i \binom{m}{i} \int_0^\infty |\varphi(v)| \left[\int_0^v \frac{\mathrm{d}G(u)}{\bar{H}(u)\bar{G}(u)} \right]^{1/2} \mathrm{d}F(v) < \infty. \qquad \text{证毕}$$

下面的定理证明了当估计总体可靠度函数 $R(t)$ 时, SRSS 下均秩型乘积限估计量 $\hat{R}_{\text{SRSS2}}(t)$ 具有渐近正态性, 并且给出了 $\sqrt{n}\hat{R}_{\text{SRSS2}}(t)$ 的渐近方差.

定理 7.6　如果 $t \leqslant b \leqslant \tau_H$, 那么当 $n \to \infty (k \to \infty)$ 时,

$$\sqrt{n}[\hat{R}_{\text{SRSS2}}(t) - R(t)] \xrightarrow{L} N(0, \sigma^2_{\text{SRSS2}}(t)), \qquad (7.21)$$

其中

$$\sigma^2_{\text{SRSS2}}(t) = \frac{1}{m} \sum_{i=1}^m R^2_{(i)}(t) \int_0^t \frac{\mathrm{d}H^1_{(i)}(u)}{[\bar{H}_{(i)}(u)]^2}. \qquad (7.22)$$

证明　根据公式 (7.10)、引理 7.1 以及 $n = mk$, 有

$$\sqrt{n}(\hat{R}_{\text{SRSS2}}(t) - R(t)) = \frac{1}{\sqrt{m}} \sum_{i=1}^m \sqrt{k}(\hat{R}_{(i)}(t) - R_{(i)}(t)).$$

对于每个 $i(i = 1, 2, \cdots, m)$, 根据公式 (7.13), 得

$$H_{(i)}(t) \leqslant H_{(1)}(x),$$

于是 $\tau_{H_{(1)}} \leqslant \tau_{H_{(i)}}$, 且

$$\tau_{H_{(1)}} = \inf\{t : H_{(1)}(t) = 1\}$$

$$= \inf\{t : [1 - F(t)]^m [1 - G(t)] = 0\}$$
$$= \inf\{t : [1 - F(t)][1 - G(t)] = 0\}$$
$$= \inf\{t : H(t) = 1\} = \tau_H.$$

又 $\hat{R}_{(i)}(t)$ 可以看成 SRS 下 $R_{(i)}(t)$ 的乘积限估计量. 这样, 对于任意给定的 i($i =$ 1, 2, $\cdots$, m), 根据定理 7.3, 当 $t \leqslant b \leqslant \tau_H$ 时,

$$\sqrt{k}(\hat{R}_{(i)}(t) - R_{(i)}(t)) \xrightarrow{L} N(0, \sigma_{(i)}^2(t)), \quad k \to \infty,$$

其中

$$\sigma_{(i)}^2(t) = R_{(i)}^2(t) \int_0^t \frac{\mathrm{d}H_{(i)}^1(u)}{[\bar{H}_{(i)}(u)]^2}.$$

再根据随机变量

$$\sqrt{k}[\hat{R}_{(i)}(t) - R_{(i)}(t)], \quad i = 1, 2, \cdots, m$$

的独立性和公式

$$\sigma_{\mathrm{SRSS2}}^2(t) = \frac{1}{m} \sum_{i=1}^m \sigma_{(i)}^2(t),$$

即可得到公式 (7.21). 证毕

7.2.5 渐近方差的估计值

由定理 7.4 可知: SRS 下乘积限估计量 $\hat{R}_{\mathrm{SRS}}(t)$ 的渐近方差为

$$\widetilde{\mathrm{Var}}[\hat{R}_{\mathrm{SRS}}(t)] = \frac{\sigma_{\mathrm{SRS}}^2(t)}{n} = \frac{R^2(t)}{n} \int_0^t \frac{\mathrm{d}H^1(u)}{[1 - H(u)]^2}. \tag{7.23}$$

显然, $\widetilde{\mathrm{Var}}[\hat{R}_{\mathrm{SRS}}(t)]$ 是不能直接计算出来的. 下面给出 $\widetilde{\mathrm{Var}}[\hat{R}_{\mathrm{SRS}}(t)]$ 的估计值.

令 (Y_i, δ_i), $i = 1, 2, \cdots$, n 为总体 T 的 SRS 下随机删失样本. 假设没有 "结", 设 $Y_{(1)} < Y_{(2)} < \cdots < Y_{(n)}$ 是 $Y_1, Y_2, \cdots, Y_k$ 的从小到大的次序值, $\delta_{(i)}$ 为相应于 $Y_{(i)}$ 的 δ.

令

$$\hat{H}(t) = \frac{1}{n} \sum_{i=1}^n I\{Y_i \leqslant t\},$$

$$\hat{H}^0(t) = \frac{1}{n} \sum_{i=1}^n I\{Y_i \leqslant t, \delta_i = 0\}$$

和

$$\hat{H}^1(t) = \frac{1}{n} \sum_{i=1}^n I\{Y_i \leqslant t, \delta_i = 1\},$$

则

$$\mathrm{d}\hat{H}^1(Y_{(i)}) = \frac{\delta_{(i)}}{n}, \tag{7.24}$$

$$1 - \hat{H}(Y_{(i)}) = 1 - \frac{i}{n} = \frac{n-i}{n}, \tag{7.25}$$

$$1 - \hat{H}(Y_{(i)}-) = 1 - \frac{i-1}{n} = \frac{n-i+1}{n}. \tag{7.26}$$

在公式 (7.14) 中用 $[1-H(z)][1-H(z-)]$ 取代 $[1-H(z)]^2$, 利用公式 (7.6) 定义的 $\hat{R}_{\mathrm{SRS}}(t)$ 来估算 $R^2(t)$. 然后将公式 (7.24)~(7.26) 代入公式 (7.23), 就得到 $\widetilde{\mathrm{Var}}[\hat{R}_{\mathrm{SRS}}(t)]$ 的估计值, 其为

$$\begin{aligned}\widetilde{\mathrm{Var}}(\hat{R}_{\mathrm{SRS}}(t)) &= \frac{\hat{R}_{\mathrm{SRS}}(t)}{n}\int_0^t \frac{\mathrm{d}\hat{H}^1(u)}{[1-\hat{H}(u)][1-\hat{H}(u-)]}\\ &= \frac{\hat{R}_{\mathrm{SRS}}(t)}{n}\sum_{i=1}^n \frac{\delta_{(i)}I\{Y_{(i)}\leqslant t\}/n}{[(n-i)/n][(n-i+1)/n]}\\ &= \hat{R}_{\mathrm{SRS}}(t)\sum_{i=1}^n \frac{\delta_{(i)}I\{Y_{(i)}\leqslant t\}}{(n-i)(n-i+1)},\end{aligned} \tag{7.27}$$

这就是著名的 Greenwood 公式[13].

由定理 7.6 可知: SRSS 下均秩型乘积限估计量 $\hat{R}_{\mathrm{SRSS2}}(t)$ 的渐近方差为

$$\widetilde{\mathrm{Var}}[\hat{R}_{\mathrm{SRSS2}}(t)] = \frac{\sigma^2_{\mathrm{SRSS2}}(t)}{n} = \frac{1}{nm}\sum_{i=1}^m R^2_{(i)}(t)\int_0^t \frac{\mathrm{d}H^1_{(i)}(u)}{[1-H_{(i)}(u)]^2}. \tag{7.28}$$

显然, $\widetilde{\mathrm{Var}}[\hat{R}_{\mathrm{SRSS2}}(t)]$ 也是不能直接计算出来的. 下面应用 Greenwood 法则来估计 $\widetilde{\mathrm{Var}}[\hat{R}_{\mathrm{SRSS2}}(t)]$.

令 $(Y_{(i)j}, \delta_{(i)j})$, $i=1,2,\cdots,m$; $j=1,2,\cdots,k$ 为总体 T 的 SRSS 下随机删失样本. 假设没有 "结", 对于每个 $i(i=1,2,\cdots,m)$, 设 $Y_{(i,1:k)} < Y_{(i,2:k)} < \cdots < Y_{(i,k:k)}$ 是 $Y_{(i)1}, Y_{(i)2}, \cdots, Y_{(i)k}$ 的从小到大的次序值, $\delta_{(i,j:k)}$ 为相应于 $Y_{(i,j:k)}$ 的 δ.

对于任意给定的 $i(i=1,2,\cdots,m)$, 若令

$$\hat{H}_{(i)}(t) = \frac{1}{k}\sum_{j=1}^k I\{Y_{(i)j}\leqslant t\},$$

$$\hat{H}^0_{(i)}(t) = \frac{1}{k}\sum_{j=1}^k I\{Y_{(i)j}\leqslant t, \delta_{(i)j}=0\}$$

和

$$\hat{H}^1_{(i)}(t) = \frac{1}{k}\sum_{j=1}^k I\{Y_{(i)j}\leqslant t, \delta_{(i)j}=1\},$$

则

$$\mathrm{d}\hat{H}^1_{(i)}(Y_{(i,j:k)}) = \frac{\delta_{(i,j:k)}}{k}, \tag{7.29}$$

$$1 - \hat{H}_{(i)}(Y_{(i,j:k)}) = 1 - \frac{j}{k} = \frac{k-j}{k}, \tag{7.30}$$

$$1 - \hat{H}_{(i)}(Y_{(i,j:k)}-) = 1 - \frac{j-1}{k} = \frac{k-j+1}{k}. \tag{7.31}$$

在公式 (7.28) 中, 对于每个 $i(i = 1, 2, \cdots, m)$, 用 $[1 - H_{(i)}(u)][1 - H_{(i)}(u-)]$ 取代 $[1 - H_{(i)}(u)]^2$, 用 $\hat{R}_{(i)}(t)$ 取代 $R_{(i)}(t)$. 然后将公式 (7.29)~(7.31) 代入公式 (7.28), 就得到 $\widehat{\mathrm{Var}}[\hat{R}_{\mathrm{SRSS2}}(t)]$ 的估计值, 其为

$$\begin{aligned}
\widehat{\mathrm{Var}}(\hat{R}_{\mathrm{SRSS2}}(t)) &= \frac{1}{nm}\sum_{i=1}^{m}\hat{R}^2_{(i)}(t)\int_0^t \frac{\mathrm{d}\hat{H}^1_{(i)}(u)}{[1-\hat{H}_{(i)}(u)][1-\hat{H}_{(i)}(u-)]} \\
&= \frac{1}{km^2}\sum_{i=1}^{m}\left[\hat{R}^2_{(i)}(t)\sum_{j=1}^{k}\frac{\delta_{(i,j:k)}I\{Y_{(i,j:k)}\leqslant t\}/k}{[(k-j)/k][(k-j+1)/k]}\right] \\
&= \frac{1}{m^2}\sum_{i=1}^{m}\left[\hat{R}^2_{(i)}(t)\sum_{j=1}^{k}\frac{\delta_{(i,j:k)}I\{Y_{(i,j:k)}\leqslant t\}}{(k-j)(k-j+1)}\right].
\end{aligned} \tag{7.32}$$

为了计算 $\widehat{\mathrm{Var}}(\hat{R}_{\mathrm{SRS}}(t))$ 和 $\widehat{\mathrm{Var}}(\hat{R}_{\mathrm{SRSS2}}(t))$, 我们选取总体寿命分布为标准指数分布 Exp(1) 和标准对数正态分布 LN(0, 1). 随机截尾变量的分布 G 为区间 $[0, C]$ 上的均匀分布, 其中 C 是变动的, 可以使截尾数据百分比达到近似 10%, 20% 和 30%. 样本量 n 的取值为 60 和 120, 排序小组数 m 的取值为 2, 4 和 6, 总体可靠度函数 $R(t)$ 的取值为 0.1, 0.25, 0.5, 0.75 和 0.9. 另外, 为了减少抽样误差的影响, 对于每个给定的寿命分布 C 值、n 值、m 值和 $R(t)$ 值, 我们都进行了 5000 次 SRS 和 SRSS, 这样根据公式 (7.27) 和 (7.32), 就可以得到 5000 个 $\widehat{\mathrm{Var}}(\hat{R}_{\mathrm{SRS}}(t))$ 和 5000 个 $\widehat{\mathrm{Var}}(\hat{R}_{\mathrm{SRSS2}}(t))$. 最后, 算出它们的均值. 显然, 估计量渐近方差估计值的均值越小, 代表其大样本的估计效率越高.

表 7.4 给出了 SRS 下估计量 $\hat{R}_{\mathrm{SRS}}(t)$ 的渐近方差估计值的均值, 表 7.5 给出了 SRSS 下估计量 $\hat{R}_{\mathrm{SRSS2}}(t)$ 的渐近方差估计值的均值. 从这两个表可以看出:

(i) 对于任意给定的寿命分布、截尾百分比、样本量 n 和排序小组数 m, $\widehat{\mathrm{Var}}(\hat{R}_{\mathrm{SRSS2}}(t))$ 的均值小于 $\widehat{\mathrm{Var}}(\hat{R}_{\mathrm{SRS}}(t))$ 的均值, 这说明当样本量较大时, $\hat{R}_{\mathrm{SRSS2}}(t)$ 的估计效率高于 $\hat{R}_{\mathrm{SRS}}(t)$;

(ii) 对于任意给定的寿命分布、截尾百分比和排序小组数 m, $\widehat{\mathrm{Var}}(\hat{R}_{\mathrm{SRS}}(t))$ 和 $\widehat{\mathrm{Var}}(\hat{R}_{\mathrm{SRSS2}}(t))$ 的均值都是随着样本量 n 的增大而减小, 即增加样本量可以提高 $\hat{R}_{\mathrm{SRS}}(t)$ 和 $\hat{R}_{\mathrm{SRSS2}}(t)$ 的估计效率;

(iii) 对于任意给定的寿命分布、截尾百分比、样本量 n 和排序小组数 m, 估计量 $\hat{R}_{\text{SRS}}(t)$ 和 $\hat{R}_{\text{SRSS2}}(t)$ 的估计效率都是随着 $R(t)$ 远离 0.5 而增大;

(iv) 对于任意给定的寿命分布、截尾百分比和样本量 n, $\widehat{\text{Var}}(\hat{R}_{\text{SRSS2}}(t))$ 的均值随着排序小组数 m 的增大而减小, 这说明 $\hat{R}_{\text{SRSS2}}(t)$ 的估计效率随着 m 的增大而增大.

表 7.4　简单随机抽样下乘积限估计量 $\hat{R}_{\text{SRS}}(t)$ 的渐近方差估计值的均值

截尾百分比	$R(t)$	Exp(1)		LN(0, 1)	
		$n = 60$	$n = 120$	$n = 60$	$n = 120$
0.1	0.10	0.0018	0.0009	0.0029	0.0008
	0.25	0.0034	0.0017	0.0055	0.0016
	0.50	0.0043	0.0022	0.0071	0.0021
	0.75	0.0032	0.0016	0.0052	0.0015
	0.90	0.0016	0.0008	0.0025	0.0007
0.2	0.10	0.0022	0.0013	0.0035	0.0011
	0.25	0.0038	0.0019	0.0062	0.0019
	0.50	0.0045	0.0028	0.0075	0.0023
	0.75	0.0032	0.0016	0.0054	0.0017
	0.90	0.0017	0.0010	0.0026	0.0009
0.3	0.10	0.0029	0.0016	0.0044	0.0015
	0.25	0.0045	0.0023	0.0072	0.0022
	0.50	0.0049	0.0025	0.0081	0.0025
	0.75	0.0033	0.0017	0.0056	0.0017
	0.90	0.0019	0.0011	0.0032	0.0011

表 7.5　标准排序集抽样下均秩型乘积限估计量 $\hat{R}_{\text{SRSS2}}(t)$ 的渐近方差估计值的均值

n	截尾百分比	$R(t)$	Exp(1)			LN(0, 1)		
			$m = 2$	$m = 4$	$m = 6$	$m = 2$	$m = 4$	$m = 6$
60	0.1	0.10	0.0016	0.0013	0.0011	0.0016	0.0013	0.0011
		0.25	0.0027	0.0020	0.0016	0.0027	0.0020	0.0016
		0.50	0.0032	0.0022	0.0018	0.0031	0.0022	0.0018
		0.75	0.0025	0.0018	0.0015	0.0025	0.0018	0.0015
		0.90	0.0013	0.0011	0.0010	0.0013	0.0010	0.0008
		0.10	0.0020	0.0017	0.0014	0.0019	0.0016	0.0014
		0.25	0.0031	0.0023	0.0019	0.0030	0.0022	0.0018
	0.2	0.50	0.0033	0.0024	0.0019	0.0034	0.0023	0.0019
		0.75	0.0025	0.0019	0.0015	0.0026	0.0019	0.0015
		0.90	0.0015	0.0013	0.0010	0.0014	0.0011	0.0009

续表

n	截尾百分比	$R(t)$	Exp(1)			LN(0,1)		
			$m=2$	$m=4$	$m=6$	$m=2$	$m=4$	$m=6$
	0.3	0.10	0.0026	0.0022	0.0018	0.0025	0.0021	0.0017
		0.25	0.0036	0.0027	0.0022	0.0035	0.0026	0.0021
		0.50	0.0036	0.0026	0.0021	0.0036	0.0026	0.0020
		0.75	0.0026	0.0019	0.0015	0.0027	0.0020	0.0016
		0.90	0.0016	0.0013	0.0011	0.0018	0.0014	0.0012
120	0.1	0.10	0.0008	0.0007	0.0006	0.0007	0.0006	0.0005
		0.25	0.0013	0.0011	0.0009	0.0013	0.0009	0.0008
		0.50	0.0016	0.0012	0.0010	0.0016	0.0011	0.0009
		0.75	0.0013	0.0010	0.0008	0.0011	0.0009	0.0007
		0.90	0.0007	0.0006	0.0004	0.0006	0.0005	0.0004
	0.2	0.10	0.0011	0.0010	0.0008	0.0010	0.0010	0.0008
		0.25	0.0016	0.0013	0.0011	0.0015	0.0012	0.0010
		0.50	0.0017	0.0012	0.0011	0.0017	0.0013	0.0011
		0.75	0.0013	0.0010	0.0009	0.0013	0.0010	0.0008
		0.90	0.0008	0.0007	0.0006	0.0008	0.0007	0.0006
	0.3	0.10	0.0015	0.0013	0.0012	0.0014	0.0013	0.0012
		0.25	0.0020	0.0015	0.0013	0.0019	0.0014	0.0012
		0.50	0.0019	0.0015	0.0012	0.0019	0.0015	0.0011
		0.75	0.0013	0.0010	0.0009	0.0014	0.0010	0.0009
		0.90	0.0009	0.0008	0.0007	0.0009	0.0008	0.0007

7.2.6 模拟相对效率

为了比较 SRSS 下均秩型乘积限估计量 $\hat{R}_{\mathrm{SRSS2}}(t)$ 和 SRS 下乘积限估计量 $\hat{R}_{\mathrm{SRS}}(t)$ 的估计效率, 我们进行了计算机模拟运算, 模拟次数为 10000 次. 模拟数据采用 7.1.3 小节的模拟数据.

估计量 $\hat{R}_{\mathrm{SRSS2}}(t)$ 和估计量 $\hat{R}_{\mathrm{SRS}}(t)$ 的模拟相对效率定义为它们均方误差比的倒数, 即

$$\mathrm{SRE}(\hat{R}_{\mathrm{SRSS2}}(t),\ \hat{R}_{\mathrm{SRS}}(t)) = \left[\frac{\mathrm{MSE}(\hat{R}_{\mathrm{SRSS2}}(t))}{\mathrm{MSE}(\hat{R}_{\mathrm{SRS}}(t))}\right]^{-1} = \frac{\mathrm{MSE}(\hat{R}_{\mathrm{SRS}}(t))}{\mathrm{MSE}(\hat{R}_{\mathrm{SRSS2}}(t))}.$$

表 7.6 计算了估计量 $\hat{R}_{\mathrm{SRSS2}}(t)$ 与估计量 $\hat{R}_{\mathrm{SRS}}(t)$ 的模拟相对效率. 结合表 7.1, 我们可以得到以下结论:

(i) 对于任意给定的寿命分布、截尾百分比、样本量 n、排序小组数 m 和可靠度函数 $R(t)$, 都有 $\mathrm{SRE}(\hat{R}_{\mathrm{SRSS2}}(t),\ \hat{R}_{\mathrm{SRS}}(t)) > \mathrm{SRE}(\hat{R}_{\mathrm{SRSS1}}(t),\ \hat{R}_{\mathrm{SRS}}(t)) > 1$, 这说明 $\hat{R}_{\mathrm{SRSS2}}(t)$ 的估计效率不仅高于 $\hat{R}_{\mathrm{SRS}}(t)$, 也高于 SRSS 下直接乘积限估计量 $\hat{R}_{\mathrm{SRSS1}}(t)$;

(ii) 对于任意给定的寿命分布、截尾百分比、样本量 n 和排序小组数 m, 当可靠度函数 $R(t)$ 的值越接近 0.5 时, $\hat{R}_{SRSS2}(t)$ 相对于 $\hat{R}_{SRS}(t)$ 的估计优势越明显;

(iii) 对于任意给定的寿命分布、截尾百分比、样本量 n 和可靠度函数 $R(t)$, $SRE(\hat{R}_{SRSS2}(t), \hat{R}_{SRS}(t))$ 随着排序小组数 m 的增加而增加.

为了评价 $\hat{R}_{SRSS2}(t)$ 的整体估计效率, 采用 7.1.3 小节中 L_2 距离的计算方法, 表 7.7 给出了 SRSS 下均秩型乘积限估计量 $\hat{R}_{SRSS2}(t)$ 的 L_2 距离. $\hat{R}_{SRSS2}(t)$ 的 L_2 距离越小, 表示其整体估计效率越高. 结合表 7.2 和表 7.3, 我们可以看出:

(i) 对于任意给定的寿命分布、截尾百分比、样本量 n 和排序小组数 m, $\hat{R}_{SRSS2}(t)$ 的 L_2 距离不仅小于 $\hat{R}_{SRS}(t)$ 的 L_2 距离, 也小于 $\hat{R}_{SRSS1}(t)$ 的 L_2 距离, 这说明 $\hat{R}_{SRSS2}(t)$ 的整体估计效率高于 $\hat{R}_{SRS}(t)$ 和 $\hat{R}_{SRSS1}(t)$;

(ii) 对于任意给定的寿命分布、样本量 n 和排序小组数 m, $\hat{R}_{SRSS2}(t)$ 的整体估计效率随着截尾百分比的增大而减小;

(iii) 对于任意给定的寿命分布、截尾百分比和排序小组数 m, $\hat{R}_{SRSS2}(t)$ 的整体估计效率随着样本量 n 的增大而增强.

(iv) 对于任意给定的寿命分布、截尾百分比和样本量 n, $\hat{R}_{SRSS2}(t)$ 的整体估计效率随着排序小组数 m 的增大而增强.

综上所述, $\hat{R}_{SRSS2}(t)$ 的逐点估计效率和整体估计效率都高于 $\hat{R}_{SRSS1}(t)$. 另外, 我们还对部分 Weibull 分布和 Gamma 分布进行了计算机模拟, 模拟结果均表明: $\hat{R}_{SRSS2}(t)$ 优于 $\hat{R}_{SRS}(t)$ 和 $\hat{R}_{SRSS1}(t)$. 所以我们推荐使用 SRSS 下均秩型乘积限估计量 $\hat{R}_{SRSS2}(t)$ 来估计总体可靠度函数 $R(t)$, 并把它记为 $\hat{R}_{SRSS}(t)$, 即

$$\hat{R}_{SRSS}(t) = \hat{R}_{SRSS2}(t) = \frac{1}{m} \sum_{i=1}^{m} \prod_{\{r:Y_{(i,r:k)} \leqslant t\}} \left(1 - \frac{d_{(i,r:k)}}{n_{(i,r:k)}}\right)^{\delta_{(i,r:k)}}. \tag{7.33}$$

表 7.6　可靠度函数估计量 $\hat{R}_{SRSS2}(t)$ 与 $\hat{R}_{SRS}(t)$ 的模拟相对效率

n	截尾百分比	$R(t)$	Exp(1)			LN(0,1)		
			$m=2$	$m=4$	$m=6$	$m=2$	$m=4$	$m=6$
36	0.1	0.10	1.1071	1.2400	1.3478	1.1190	1.2917	1.4091
		0.25	1.2889	1.5676	1.8125	1.2340	1.6111	1.8710
		0.50	1.2982	1.8049	2.2424	1.3036	1.8718	2.1471
		0.75	1.2273	1.6364	1.9286	1.2500	1.6777	1.9643
		0.90	1.1739	1.2857	1.5882	1.1200	1.3500	1.5000
	0.2	0.10	1.0963	1.2133	1.3471	1.1026	1.1429	1.2121
		0.25	1.1786	1.4667	1.7368	1.2222	1.5714	1.7838
		0.50	1.3220	1.6957	2.1667	1.3000	1.7727	2.1081
		0.75	1.2500	1.5714	1.8966	1.2444	1.6471	1.9310
		0.90	1.1241	1.2154	1.4083	1.1190	1.1923	1.2400

续表

n	截尾百分比	$R(t)$	Exp(1)			LN(0,1)		
			$m=2$	$m=4$	$m=6$	$m=2$	$m=4$	$m=6$
	0.3	0.10	1.1023	1.1949	1.2322	1.1157	1.1943	1.2454
		0.25	1.1765	1.4286	1.5094	1.2581	1.4717	1.6596
		0.50	1.3175	1.7292	1.9302	1.3077	1.8085	2.0732
		0.75	1.2391	1.6286	1.9000	1.2553	1.6389	1.9667
		0.90	1.1690	1.2371	1.3523	1.1833	1.2588	1.3648
60	0.1	0.10	1.1250	1.2857	1.3846	1.1176	1.2667	1.4615
		0.25	1.2857	1.6364	2.0000	1.2069	1.6667	1.9444
		0.50	1.3750	1.8333	2.3158	1.3636	1.8750	2.2500
		0.75	1.2308	1.6842	2.0000	1.2692	1.6500	1.9412
		0.90	1.1667	1.4000	1.5556	1.1429	1.3333	1.4545
	0.2	0.10	1.1429	1.2632	1.3333	1.0952	1.2105	1.2778
		0.25	1.2121	1.5385	1.7391	1.2258	1.5200	1.7273
		0.50	1.3824	1.8077	2.1364	1.3429	1.7407	2.1364
		0.75	1.2222	1.6500	1.8333	1.3077	1.6190	2.0000
		0.90	1.2143	1.3077	1.4167	1.2500	1.3333	1.5385
	0.3	0.10	1.0913	1.1308	1.2365	1.0967	1.1334	1.2429
		0.25	1.2051	1.5161	1.6207	1.2703	1.5161	1.7407
		0.50	1.3077	1.8214	2.0400	1.3421	1.8214	2.2174
		0.75	1.2593	1.7000	2.0000	1.2857	1.7143	2.1176
		0.90	1.1053	1.1667	1.3625	1.1000	1.1779	1.4222

表 7.7 标准排序集抽样下均秩型乘积限估计量 $\hat{R}_{SRSS2}(t)$ 的 L_2 距离

n	截尾百分比	Exp(1)			LN(0,1)		
		$m=2$	$m=4$	$m=6$	$m=2$	$m=4$	$m=6$
36	0.1	0.0046	0.0038	0.0033	0.0048	0.0037	0.0032
	0.2	0.0057	0.0046	0.0039	0.0055	0.0043	0.0038
	0.3	0.0069	0.0057	0.0054	0.0063	0.0054	0.0049
60	0.1	0.0027	0.0023	0.0019	0.0029	0.0022	0.0018
	0.2	0.0034	0.0027	0.0024	0.0032	0.0026	0.0023
	0.3	0.0041	0.0032	0.0029	0.0038	0.0032	0.0027

7.3 实例分析

Lee[23] 在 1986~1989 年对 1972~1980 年间俄克拉荷马州 1012 位患某种糖尿病 (non-insulin-depent diabetes mellitus, NIDDM) 的印第安人进行了死亡跟踪研究,

其中男性 369 人, 女性 643 人. 在基准检验下平均年龄和平均糖尿病持续时间分别为 52 岁和 7 年, 相应的标准差 (SD) 分别为 11 岁和 6 年. 跟踪的平均持续时间是 10 年, 相应的标准差为 4 年, 到 1989 年 12 月 31 日有 548 位患者还活着, 452 位 (男 187 位, 女 265 位) 已死, 还有 12 位未能跟踪观察. 我们将这 1012 位患 NIDDM 糖尿病患者看作总体, 令 T 表示俄克拉荷马州 NIDDM 糖尿病患者的生存时间.

我们从总体中抽取了样本量都为 $n = 18$ 的 SRSS 下随机截尾样本 ($m = 3$) 和 SRS 下简单随机样本, 这两个样本的具体观测值分别见表 7.8 和表 7.9. 其中带 + 号者为截尾数据.

表 7.8　标准排序集抽样下糖尿病患者的生存时间　　　　(单位: 年)

j	$Y_{(1)j}$	$Y_{(2)j}$	$Y_{(3)j}$
1	7.3+	10.0	14.8+
2	3.0+	11.6+	14.5+
3	8.5	13.6+	12.5
4	5.0+	8.0	13.7+
5	6.5	9.6+	15.3
6	2.2	10.9	11.4+

表 7.9　简单随机抽样下糖尿病患者的生存时间　　　　(单位: 年)

i	Y_i	i	Y_i	i	Y_i
1	13.6	7	5.9+	13	8.6+
2	6.8+	8	2.0	14	8.0
3	7.0	9	14.1+	15	10.8
4	10.3+	10	9.0+	16	2.5+
5	4.8	11	12.3+	17	14.8+
6	11.1+	12	15.3	18	4.8+

为了更加有效地评价估计量 $\hat{R}_{\mathrm{SRSS}}(t)$ 和估计量 $\hat{R}_{\mathrm{SRS}}(t)$ 的估计效率, SRSS 方法和 SRS 方法都采用放回式抽样, 抽样次数为 50 次.

表 7.10 给出了当 $n = 18(m = 3)$ 和 $t = 4.8, 11, 15.4$ 时估计量 $\hat{R}_{\mathrm{SRSS}}(t)$ 和

表 7.10　糖尿病数据中 $\hat{R}_{\mathrm{SRSS}}(t)$ 与 $\hat{R}_{\mathrm{SRS}}(t)$ 的偏差和均方误差

t	$\hat{R}_{\mathrm{SRSS}}(t)$		$\hat{R}_{\mathrm{SRS}}(t)$	
	偏差	均方误差	偏差	均方误差
11	−0.0017	0.0048	0.0034	0.0061
22	−0.0011	0.0065	−0.0028	0.0086
44	0.0009	−0.0052	0.0016	0.0063

$\hat{R}_{\text{SRS}}(t)$ 的偏差和均方误差. 可以看出对于给定的 t, $\hat{R}_{\text{SRSS}}(t)$ 的偏差绝对值小于 $\hat{R}_{\text{SRS}}(t)$ 的偏差绝对值, $\hat{R}_{\text{SRSS}}(t)$ 的均方误差小于 $\hat{R}_{\text{SRS}}(t)$ 的均方误差. 实例分析的结果进一步验证了估计量 $\hat{R}_{\text{SRSS}}(t)$ 的估计效率高于估计量 $\hat{R}_{\text{SRS}}(t)$.

参 考 文 献

[1] 曹晋华, 程侃. 可靠性数学引论. 北京: 科学出版社, 2006.

[2] Stokes S L, Sager T W. Characterization of a ranked-set sample with application to estimating distribution functions. Journal of the American Statistical Association, 1988, 83(402): 374-381.

[3] Huang J. Asymptotic properties of the NPMLE of a distribution function based on ranked set samples. The Annals of Statistics, 1997, 25(3): 1036-1049.

[4] Ozturk O. Ranked set sample inference under a symmetry restriction. Journal of Statistical Planning and Inference, 2002, 102(2): 317-336.

[5] Gulati S. Smooth non-parametric estimation of the distribution function from balanced ranked set samples. Environmetrics, 2004, 15(5): 529-539.

[6] 董晓芳, 张良勇. 基于排序集抽样的分布估计. 统计与决策, 2010, (18): 32-33.

[7] Amiri S, Jozani M J, Modarres R. Exponentially tilted empirical distribution function for ranked set samples. Journal of the Korean Statistical Society, 2016, 45(2): 176-187.

[8] Dümbgen L, Zamanzade E. Inference on a distribution function from ranked set samples. Annals of the Institute of Statistical Mathematics, 2020, 72(1): 157-185.

[9] Mahdizadeh M, Zamanzade E. Smooth estimation of a reliability function in ranked set sampling. Statistics, 2018, 52(4): 750-768.

[10] Eftekharian A, Razmkhah M. On estimating the distribution function and odds using ranked set sampling. Statistics & Probability Letters, 2017, 122(3): 1-10.

[11] Mahdizadeh M, Zamanzade E. Estimation of a symmetric distribution function in multistage ranked set sampling. Statistical Papers, 2020, 61(2): 851-867.

[12] Al-Omari A I. Quartile ranked set sampling for estimating the distribution function. Journal of the Egyptian Mathematical Society, 2016, 24(2): 303-308.

[13] 王启华. 生存数据统计分析. 北京: 科学出版社, 2006.

[14] Zhang L Y, Dong X F, Xu X Z. Nonparametric estimation for random censored data based on ranking set sampling. Communications in Statistics-Simulation and Computation, 2014, 43(8): 2004-2015.

[15] Strzalkowska-Kominiak E, Mahdizadeh M. On the Kaplan-Meier estimator based on ranked set samples. Journal of Statistical Computation and Simulation, 2014, 84(12): 2577-2591.

[16] 董晓芳, 张良勇, 王志军. 排序集抽样下随机删失数据的乘积限估计. 河北师范大学学报 (自然科学版), 2016, 40(2): 26-29.

[17] Kaplan E L, Meier P. Nonparametric estimation from incomplete observations. Journal of American Statistical Association, 1958, 53(282): 457-481.

[18] Miller R G. Survival Analysis. New York: John Wiley & Sons, 1981.

[19] Peterson A V. Expressing the Kaplan-Meier estimator as a function of empirical sub-survival functions. Journal of the American Statistical Association, 1977, 72(360a): 854-858.

[20] Foldes A, Rejto L. Strong uniform consistency for nonparametric survival curve estimators from randomly censored data. Annals of Statistics, 1981, 9(1): 122-129.

[21] Stute W. The central limit theorem under random censorship. Annals of Statistics, 1995, 23(2): 422-439.

[22] Major P, Rejto L. Strong embedding of the estimator of the distribution function under random censorship. Annals of Statistics, 1988, 16(3): 1113-1132.

[23] Lee E T. 生存数据分析的统计方法. 陈家鼎, 戴中维, 译. 北京: 中国统计出版社, 1998.

第8章 标准排序集抽样下截尾数据的概率密度函数估计

设非负随机变量 T 表示产品的寿命, $R(t)$ 和 $f(t)$ 分别表示 T 的可靠度函数和概率密度函数. 显然, $f(t)$ 可以表示为

$$f(t) = -\frac{\mathrm{d}R(t)}{\mathrm{d}t}, \quad t \geqslant 0.$$

概率密度估计问题, 就是要通过从总体中抽取的样本去估计其概率密度函数 $f(t)$. 如果概率密度函数形状被假定或已知, 那么就用参数估计法. 如果概率密度函数的形状未知, 则用非参数估计法. 如今最熟悉和最流行的非参数密度估计是核估计方法[1]. 一些学者采用不同的 RSS 方法, 研究了未知总体概率密度函数的核估计问题. Chen[2] 利用标准排序集样本, 首次构建了 $f(t)$ 的核密度估计量, 证明了此估计量的均值等于 SRS 下相应核密度估计量的均值. Barabesi 和 Fattorini[3] 采用极端 RSS 方法, 建立了 $f(t)$ 的核估计量, 并计算了估计量的平均积分均方误差. Chen 等[4] 进一步验证了文献 [2] 的研究结果. Lim 等[5] 和 Samawi 等[6] 都讨论了 SRSS 下核密度估计量的窗宽选择问题. Samawi 等[7] 研究了基于分层排序集样本的核密度估计问题. 文献 [2~7] 均比较了 RSS 下核密度估计量与 SRS 下相应估计量的平均积分均方误差, 证明了 RSS 方法的高效率性. 但是, 这些文献研究的排序集样本的测量值都是完全数据. 针对寿命试验中经常出现的随机截尾数据, Dong 和 Zhang[8] 采用平均秩思想, 构建了 SRSS 下 $f(t)$ 的核估计量, 证明了其具有强相合性和渐近正态性, 估计效率的比较结果表明: SRSS 方法的抽样效率高于 SRS 方法.

本章利用 SRSS 下随机截尾数据, 建立总体概率密度函数的核估计量, 分析新估计量的统计性质, 并与 SRS 下相应估计量进行估计效率的比较.

8.1 核密度估计量的定义

令 $T_1, T_2, \cdots, T_n$ 为抽自总体 T 的简单随机样本, $C_1, C_2, \cdots, C_n$ 是非负独立同分布表示截尾的随机变量, 具有分布函数 G. 在随机右截尾模型下, 我们得到 SRS 下随机截尾样本

$$(Y_i, \delta_i), \quad i = 1, 2, \cdots, n,$$

其中

$$Y_i = \min\{T_i, \ C_i\},$$

$$\delta_i = I\{T_i \leqslant C_i\}, \quad i = 1, 2, \cdots, n.$$

基于样本 (Y_i, δ_i), $i = 1, 2, \cdots, n$, Blum 和 Susarla[9] 定义了总体概率密度函数 $f(t)$ 的如下核估计量:

$$\hat{f}_{\text{SRS}}(t) = -\frac{1}{h_n} \int_0^\infty K\left(\frac{t-x}{h_n}\right) \mathrm{d}\hat{R}_{\text{SRS}}(x), \tag{8.1}$$

其中 $K(\cdot)$ 为 $(-\infty, +\infty)$ 上的 Borel 可测函数, 称为核函数; h_n 是趋于零的常数序列, 称为窗宽; $\hat{R}_{\text{SRS}}(t)$ 是总体可靠度函数 $R(t)$ 的 Kaplan-Meier 乘积限估计量, 其定义可见公式 (7.6).

下面利用 SRSS 下随机截尾样本去构建 $f(t)$ 的核估计量.

令 $T_{(i)j}$, $i = 1, 2, \cdots, m$; $j = 1, 2, \cdots, k$ 是抽自总体 T 的标准排序集样本, 样本量 $n = mk$; C_{ij}, $i = 1, 2, \cdots, m$; $j = 1, 2, \cdots, k$ 是非负独立同分布表示截尾的随机变量, 具有分布函数 G. 在随机右截尾模型下, 我们得到 SRSS 下随机截尾样本

$$(Y_{(i)j}, \delta_{(i)j}), \quad i = 1, 2, \cdots, m; \quad j = 1, 2, \cdots, k,$$

其中

$$Y_{(i)j} = \min\{T_{(i)j}, \ C_{ij}\},$$

$$\delta_{(i)j} = I\{T_{(i)j} \leqslant C_{ij}\}, \quad i = 1, 2, \cdots, m; \quad j = 1, 2, \cdots, k.$$

对于任意给定的 $i(i = 1, 2, \cdots, m)$, 令 $f_{(i)}(t)$ 表示总体 T 的样本量为 m 的简单随机样本的第 i 次序统计量的概率密度函数, 则

$$f_{(i)}(t) = i \binom{m}{i} R^{m-i}(t)[1 - R(t)]^{i-1} f(t). \tag{8.2}$$

从排序集抽样过程可知, $(Y_{(i)1}, \delta_{(i)1})$, $(Y_{(i)2}, \delta_{(i)2})$, $\cdots$, $(Y_{(i)k}, \delta_{(i)k})$ 可看作概率密度函数为 $f_{(i)}(t)$ 的 SRS 下随机截尾样本. 这样, 借鉴公式 (8.1) 的构建思路, 利用样本 $(Y_{(i)j}, \delta_{(i)j})$, $j = 1, 2, \cdots, k$, 总体概率密度函数 $f_{(i)}(t)$ 的核估计量定义为

$$\hat{f}_{(i)}(t) = -\frac{1}{h_k} \int_0^\infty K\left(\frac{t-x}{h_k}\right) \mathrm{d}\hat{R}_{(i)}(x), \quad i = 1, 2, \cdots, m, \tag{8.3}$$

其中 $\hat{R}_{(i)}(t)$ 是可靠度函数 $R_{(i)}(t)$ 的乘积限估计量, 其定义可见公式 (7.8).

在公式 (8.3) 的基础上, 利用标准排序集样本的均秩性, 采用平均秩思想, 基于
SRSS 下随机截尾样本的 $f(t)$ 的核密度估计量定义为

$$\hat{f}_{\mathrm{SRSS}}(t) = \frac{1}{m} \sum_{i=1}^{m} \hat{f}_{(i)}(t)$$

$$= -\frac{1}{m h_k} \sum_{i=1}^{m} \int_0^\infty K\left(\frac{t-x}{h_k}\right) \mathrm{d}\hat{R}_{(i)}(x). \tag{8.4}$$

特别地, 当 $m = 1$ 时, $\hat{f}_{\mathrm{SRSS}}(t)$ 就是 Blum 和 Susarla[9] 定义的 SRS 下随机截尾样
本的核密度估计量, 即

$$\hat{f}_{\mathrm{SRSS}}(t) = \hat{f}_{\mathrm{SRS}}(t).$$

当无截尾数据时, $\hat{f}_{\mathrm{SRSS}}(t)$ 就是 Chen[2] 定义的 SRSS 下完全样本的核密度估计量,
即

$$\hat{f}_{\mathrm{SRSS}}(t) = \frac{1}{n h_k} \sum_{i=1}^{m} \sum_{j=1}^{k} K\left(\frac{t - T_{(i)j}}{h_k}\right).$$

8.2 强 相 合 性

关于 SRS 下核密度估计量 $\hat{f}_{\mathrm{SRS}}(t)$ 的渐近性质, Foldes 等[10] 在总体概率密度
函数 $f(t)$ 有界和 $H(\tau_F-) < 1$ 的假设条件下, 证明了 $\hat{f}_{\mathrm{SRS}}(t)$ 关于 $f(t)$ 的逐点强相
合性, 并通过进一步假设 $f(t)$ 在有限开区间上一致连续或存在有界导数的条件下,
证明了估计量 $\hat{f}_{\mathrm{SRS}}(t)$ 在有限区间上的强一致相合性. 后来, Mielniczuk[11] 在适当
的条件下研究了 $\hat{f}_{\mathrm{SRS}}(t)$ 的强相合性.

对于任意给定的 $i(i = 1, 2, \cdots, m)$, 下面的定理借鉴了王启华[1] 和 Mielnic-
zuk[11] 的研究思路, 证明了公式 (8.2) 定义的核估计量 $\hat{f}_{(i)}(t)$ 关于 $f_{(i)}(t)$ 的强相
合性.

定理 8.1 设核函数 $K(\cdot)$ 是具有有界支撑 $[-1, 1]$ 的概率密度函数, 截尾分布
G 的概率密度函数为 g, t 是 f 和 g 的连续点, 若对所有 $C > 0$, $\sum_{n=1}^{\infty} \mathrm{e}^{(-c k h_k)} < \infty$,
则当 $k h_k / \ln\ln k \to \infty$ 时, 有

$$\hat{f}_{(i)}(t) \xrightarrow{\text{a.s.}} f_{(i)}(t), \quad i = 1, 2, \cdots, m.$$

证明 首先证明在定理的条件下, 以概率 1, 有

$$\hat{f}_{(i)}(t) - \frac{1}{\bar{G}(t)} \int_0^\infty K\left(\frac{t-x}{h_k}\right) \mathrm{d}\hat{H}_{(i)}^1(x) = O(\sqrt{\ln\ln k / k}) + O(h_k), \tag{8.5}$$

其中

$$\hat{H}_{(i)}^1(t) = \frac{1}{k} \sum_{j=1}^{k} I\{Y_{(i)j} \leqslant t, \delta_{(i)j} = 1\}.$$

令

$$S(t,r) = \{s : |s - t| \leqslant r\},$$

且 $a_k(Y_{(i)j})$ 表示乘积限估计量 $\hat{f}_{(i)}(t)$ 在 $Y_{(i)j}$ $(j = 1,\, 2,\, \cdots,\, k)$ 点的跳. 根据公式 (8.3) 和 (7.8), 有

$$\left| \hat{f}_{(i)}(t) - \frac{1}{\bar{G}(t) \cdot h_k} \int_0^\infty K\left(\frac{t-x}{h_k}\right) d\hat{H}_{(i)}^1(x) \right|$$

$$= \left| -\frac{1}{h_k} \int_0^\infty K\left(\frac{t-x}{h_k}\right) d\hat{R}_{(i)}(x) - \frac{1}{\bar{G}(t) \cdot h_k} \int_0^\infty K\left(\frac{t-x}{h_k}\right) d\hat{H}_{(i)}^1(x) \right|$$

$$\leqslant \sup K(u) \frac{\displaystyle\sum_{j=1}^k I\{T_{(i)j} \in S(t,h_k), \delta_{(i)j} = 1\}}{k h_k}$$

$$\times \max_{\{T_{(i)j} \in S(t,h_k), \delta_{(i)j}=1\}} \left| \frac{\delta_{(i)j}}{\bar{G}(t)} - k\delta_{(i)j} a_k(Y_{(i)j}) \right|.$$

因为

$$\lim_{k \to \infty} \frac{\displaystyle\sum_{j=1}^k I\{T_{(i)j} \in S(t,h_k), \delta_{(i)j} = 1\}}{k h_k} = 2 f_{(i)}(t) \bar{G}(t),$$

所以, 要证公式 (8.5) 我们只需证

$$\max_{\{T_{(i)j} \in S(t,h_k), \delta_{(i)j}=1\}} \left| \frac{\delta_{(i)j}}{\bar{G}(t)} - k\delta_{(i)j} a_k(Y_{(i)j}) \right| = O(\sqrt{\ln\ln k / k}) + O(h_k). \tag{8.6}$$

根据 Efron[12], 有

$$k a_k(X_{(i)j}) = \frac{\delta_{(i)j} \hat{R}_{(i)}(Y_{(i)j}-)}{\hat{\bar{H}}_{(i)}(Y_{(i)j}-)},$$

其中

$$\hat{\bar{H}}_{(i)}(t) = \frac{1}{k} \sum_{j=1}^k I\{Y_{(i)j} > t\}.$$

这样, 公式 (8.6) 可由下面项所控制:

$$\sup_{s \leqslant t+h_k} \left| \frac{\hat{R}_{(i)}(s)}{\hat{\bar{H}}_{(i)}(s)} - \frac{\hat{R}_{(i)}(s)}{\bar{H}_{(i)}(s)} \right| + \sup_{s \leqslant t+h_k} \left| \frac{\hat{R}_{(i)}(s)}{\bar{H}_{(i)}(s)} - \frac{R_{(i)}(s)}{\bar{H}_{(i)}(s)} \right| + \sup_{s \leqslant t+h_k} \left| \frac{1}{\bar{G}(t)} - \frac{1}{\bar{G}(s)} \right|,$$

$$\tag{8.7}$$

其中

$$\bar{H}_{(i)}(s) = P(Y_{(i)j} > s) = R_{(i)}(s) \bar{G}(s).$$

根据文献 [13,14] 知, 公式 (8.7) 中前两项分别满足

$$\sup_{s \leqslant t+h_k} \left| \frac{\hat{R}_{(i)}(s)}{\hat{\bar{H}}_{(i)}(s)} - \frac{\hat{R}_{(i)}(s)}{\bar{H}_{(i)}(s)} \right| = O(\sqrt{\ln \ln k / k}), \quad \text{a.s.}$$

和

$$\sup_{s \leqslant t+h_k} \left| \frac{\hat{R}_{(i)}(s)}{\bar{H}_{(i)}(s)} - \frac{R_{(i)}(s)}{\bar{H}_{(i)}(s)} \right| = O(\sqrt{\ln \ln k / k}), \quad \text{a.s.},$$

最后一项 $\sup\limits_{s \leqslant t+h_k} \left| \dfrac{1}{\bar{G}(t)} - \dfrac{1}{\bar{G}(s)} \right|$ 被

$$\frac{G(t+h_k) - G(t-h_k)}{[\bar{G}(t+h_k)]^2}$$

所控制. 又由

$$\frac{G(t+h_k) - G(t-h_k)}{h_k} \xrightarrow{\text{a.s.}} 2g(t),$$

即得公式 (8.5).

余下的工作只需再按照 Devrove 和 Wagner[15] 给出的完全数据方法, 即可获得 $\hat{f}_{(i)}(t)$ 关于 $f_{(i)}(t)$ 的的逐点强相合. 证毕

下面陈述一个重要的引理.

引理 8.1 对于给定的排序小组数 m 和任意 $t \geqslant 0$, 有

$$\frac{1}{m} \sum_{i=1}^{m} f_{(i)}(t) = f(t).$$

证明 根据引理 7.1, 有

$$\begin{aligned}
\frac{1}{m} \sum_{i=1}^{m} f_{(i)}(t) &= -\frac{1}{m} \sum_{i=1}^{m} [R_{(i)}(t)]' \\
&= - \left[\frac{1}{m} \sum_{i=1}^{m} R_{(i)}(t) \right]' \\
&= - [R(t)]' \\
&= f(t). \qquad\qquad \text{证毕}
\end{aligned}$$

下面的定理证明了当估计总体密度函数 $f(t)$ 时, SRSS 下核密度估计量 $\hat{f}_{\text{SRSS}}(t)$ 具有强相合性.

定理 8.2 在定理 8.1 的条件下, 当 $kh_k / \ln \ln k \to \infty$ 时, 有

$$\hat{f}_{\text{SRSS}}(t) \xrightarrow{\text{a.s.}} f(t).$$

证明　根据公式 (8.4) 和引理 8.1, 得

$$
\left| \hat{f}_{\mathrm{SRSS}}(t) - f(t) \right| = \left| \frac{1}{m} \sum_{i=1}^{m} \hat{f}_{(i)}(t) - \frac{1}{m} \sum_{i=1}^{m} f_{(i)}(t) \right|
$$

$$
= \frac{1}{m} \left| \sum_{i=1}^{m} \left[\hat{f}_{(i)}(t) - f_{(i)}(t) \right] \right|
$$

$$
\leqslant \frac{1}{m} \sum_{i=1}^{m} \left| \hat{f}_{(i)}(t) - f_{(i)}(t) \right|.
$$

再由定理 8.1, 定理即可得证.　　　　　　　　　　　　　　　　　　　　　证毕

定理 8.2 陈述了 SRSS 下核密度估计量 $\hat{f}_{\mathrm{SRSS}}(t)$ 的逐点相合性, 下面的定理说明了 $\hat{f}_{\mathrm{SRSS}}(t)$ 具有一致强相合性.

定理 8.3　在定理 8.1 的条件下, f 和 g 连续, 若 $K(\cdot)$ 是连续核函数, 则当 $k h_k / \ln \ln k \to \infty$, 且 $\bar{H}_{(i)}(\tau) > 0$, $i = 1, 2, \cdots, m$ 时, 有

$$
\sup_{t \leqslant \tau} \left| \hat{f}_{\mathrm{SRSS}}(t) - f(t) \right| \xrightarrow{\text{a.s.}} 0.
$$

证明　为了证明定理 8.3, 我们只需证明定理 8.1 在 $[0, \tau]$ 上一致成立. 对于任意给定的 $i(i = 1, 2, \cdots, m)$, 根据 Silverman[16], 有

$$
\sup_{0 \leqslant t \leqslant \tau} \left| \frac{\sum_{j=1}^{k} I\{T_{(i)j} \in S(t, h_k), \ \delta_{(i)j} = 1\}}{k h_k} - 2 f_{(i)}(t) \bar{G}(t) \right| \xrightarrow{\text{a.s.}} 0.
$$

根据定理 8.1 的证明过程, 我们只需证

$$
\sup_{0 < t < \tau} |G(t + h_k) - G(t - h_k)| = O(h_k), \quad \text{a.s..} \tag{8.8}
$$

注意到

$$
\sup_{0 < t < \tau} |G(t + h_k) - G(t - h_k)| = h_k \sup_{0 < t < \tau} \frac{G(t + h_k) - G(t - h_k)}{h_k},
$$

又因 g 是一致连续的, 因而有

$$
\sup_{0 < t < \tau} \left| \frac{G(t + h_k) - G(t - h_k)}{h_k} - 2 g(t) \right| \to 0, \quad \text{a.s.,}
$$

这就证明了公式 (8.8).　　　　　　　　　　　　　　　　　　　　　　　证毕

8.3 渐近正态性

Mielniczuk[11] 除了证出 SRS 下核密度估计量 $\hat{f}_{\text{SRS}}(t)$ 的强相合性外, 还证明了下面的渐近正态性结果.

引理 8.2 设 K 是偶函数, f 存在有界的二阶导数, 当 $n \to \infty$, $h_n = o(n^{-1/3})$ 时, 有

$$\sqrt{nh_n}(\hat{f}_{\text{SRS}}(t) - f(t)) \xrightarrow{L} N(0, \sigma_{f,\text{SRS}}^2(t)),$$

其中

$$\sigma_{f,\text{SRS}}^2(t) = \frac{f(t)}{1 - G(t)} \int_0^\infty K^2(y)\mathrm{d}y. \tag{8.9}$$

对于任意给定的 $i(i = 1, 2, \cdots, m)$, 下面定理证明了核估计量 $\hat{f}_{(i)}(t)$ 关于 $f(t)$ 的渐近正态性.

定理 8.4 在引理 8.2 的条件下, 对于给定的 m, 当 $n \to \infty(k \to \infty)$, $h_k = o(k^{-1/3})$ 时, 有

$$\sqrt{kh_k}(\hat{f}_{(i)}(t) - f(t)) \xrightarrow{L} N(0, \sigma_{f,i}^2(t)), \quad i = 1, 2, \cdots, m,$$

其中

$$\sigma_{f,i}^2(t) = \frac{f_{(i)}(t)}{1 - G(t)} \int_0^\infty K^2(y)\mathrm{d}y. \tag{8.10}$$

证明 对于任意给定的 $i(i = 1, 2, \cdots, m)$, 由公式 (8.2) 知, $f_{(i)}$ 存在有界的二阶导数. 又 $(Y_{(i)1}, \delta_{(i)1})$, $(Y_{(i)2}, \delta_{(i)2})$, $\cdots$, $(Y_{(i)k}, \delta_{(i)k})$ 可看作概率密度函数为 $f_{(i)}(t)$ 的 SRS 下随机截尾样本. 这样, 根据引理 8.2, 可以直接证得估计量 $\hat{f}_{(i)}(t)$ 的渐近正态性.   证毕

下面定理证明了当估计总体概率密度函数 $f(t)$ 时, SRSS 下核密度估计量 $\hat{f}_{\text{SRSS}}(t)$ 具有渐近正态性, 并且给出了 $\sqrt{kh_k}\hat{f}_{\text{SRSS}}(t)$ 的渐近方差.

定理 8.5 在引理 8.2 的条件下, 对于给定的 m, 当 $n \to \infty(k \to \infty)$, $h_k = o(k^{-1/3})$ 时, 有

$$\sqrt{kh_k}(\hat{f}_{\text{SRSS}}(t) - f(t)) \xrightarrow{L} N(0, \sigma_{f,\text{SRSS}}^2(t)).$$

其中

$$\sigma_{f,\text{SRSS}}^2(t) = \frac{f(t)}{m[1 - G(t)]} \int_0^\infty K^2(y)\mathrm{d}y. \tag{8.11}$$

证明 根据公式 (8.4)、引理 8.1 和 $n = mk$, 得

$$\sqrt{kh_k}(\hat{f}_{\text{SRSS}}(t) - f(x)) = \frac{\sqrt{kh_k}}{m} \left[\sum_{i=1}^m \hat{f}_{(i)}(t) - \sum_{i=1}^m f_{(i)}(t) \right]$$

$$= \frac{1}{m} \sum_{i=1}^{m} \sqrt{kh_k} \left[\hat{f}_{(i)}(x) - f_{(i)}(x) \right]. \tag{8.12}$$

根据定理 8.4, 再由随机变量 $\sqrt{kh_k}(\hat{f}_{(i)}(x) - f_{(i)}(x))$, $i = 1, 2, \cdots, m$ 的独立性知, 对于给定的 m, 当 $k \to \infty$, $h_k = o(k^{-1/3})$ 时, 有

$$\sum_{i=1}^{m} \sqrt{kh_k}(\hat{f}_{(i)}(x) - f_{(i)}(x)) \xrightarrow{L} N\left(0, \sum_{i=1}^{m} \sigma_{f,i}^2(t)\right).$$

根据公式 (8.12), 得

$$\sqrt{kh_k}(\hat{f}_{\text{SRSS}}(t) - f(t)) \xrightarrow{L} N\left(0, \frac{1}{m^2} \sum_{i=1}^{m} \sigma_{f,i}^2(t)\right).$$

进一步, 由公式 (8.10) 和引理 8.1, 有

$$\begin{aligned}
\frac{1}{m^2} \sum_{i=1}^{m} \sigma_{f,i}^2(t) &= \frac{1}{m^2} \sum_{i=1}^{m} \frac{f_{(i)}(t)}{1 - G(t)} \int_0^\infty K^2(y)\mathrm{d}y \\
&= \frac{1}{m[1 - G(t)]} \int_0^\infty K^2(y)\mathrm{d}y \times \left[\frac{1}{m} \sum_{i=1}^{m} f_{(i)}(t)\right] \\
&= \frac{f(t)}{m[1 - G(t)]} \int_0^\infty K^2(y)\mathrm{d}y.
\end{aligned}$$

再根据公式 (8.11), 定理即可得证.   证毕

由引理 8.2 和定理 8.5 知

$$\sigma_{f,\text{SRSS}}^2(t) = \frac{1}{m} \sigma_{f,\text{SRS}}^2(t).$$

8.4 模拟相对效率

为了比较 SRSS 下核密度估计量 $\hat{f}_{\text{SRSS}}(t)$ 和 SRS 下核密度估计量 $\hat{f}_{\text{SRS}}(t)$ 的估计效率, 我们进行了计算机模拟运算. 模拟数据来自于以下两个寿命分布:

(i) 标准指数分布 Exp(1), 其概率密度函数为

$$f(t) = \mathrm{e}^{-t}, \quad t \geqslant 0.$$

(ii) 标准对数正态分布 LN(0, 1), 其概率密度函数为

$$f(t) = \frac{1}{\sqrt{2\pi}t} \mathrm{e}^{-\frac{1}{2}\ln^2 t}, \quad t > 0.$$

在模拟过程中, 随机截尾变量的分布 G 为区间 $[0, C]$ 上的均匀分布, 其中 C 是变动的, 可以使截尾数据百分比达到近似 10%, 20% 和 30%. 样本量 n 的取值为 36 和 60, 排序小组数 m 的取值为 2, 4 和 6, 时刻 t 取为五个常用的可靠寿命 $\xi_{0.1}$, $\xi_{0.25}$, $\xi_{0.5}$, $\xi_{0.75}$ 和 $\xi_{0.9}$. 对于每一个给定的寿命分布、C 值、n 值、m 值和 t 值, 我们都进行了 10000 次 SRSS 和 SRS, 这样就得到 10000 个 SRSS 下随机截尾样本和 10000 个 SRS 下随机截尾样本. 对于每一个样本, 我们采用使一类核

$$V(K) = i_2(K)^{2/5} i_0(K^2)^{4/5}$$

达到最小的 Epanechnikov 核, 其中

$$i_l(g) = \int x^l g(x) \mathrm{d}x, \quad l = 0, 2.$$

Epanechnikov 核的定义为

$$K(x) = \begin{cases} \dfrac{3}{4\sqrt{5}}\left(1 - \dfrac{x^2}{5}\right), & -\sqrt{5} \leqslant x \leqslant \sqrt{5}, \\ 0, & \text{其他}. \end{cases}$$

这样, 窗宽 h_n 为

$$h_n = \frac{5}{4} V(K) \left(\frac{3}{8\sqrt{\pi}}\right)^{-1/5} A n^{-1/5},$$

其中

$$A = \min\{\text{样本的标准差}, \text{样本的四分位差}/1.34\}.$$

然后, 根据公式 (8.2) 和 (8.4), 就可算出 10000 个 $\hat{f}_{\mathrm{SRSS}}(t)$ 值和 10000 个 $\hat{f}_{\mathrm{SRS}}(t)$ 值. 对于模拟计算, 利用估计量的均方误差来评估估计效率. 详细地说, 对于总体概率密度函数 $f(t)$ 的任一估计量 $\hat{f}(t)$, 若第 i 次抽样所算出的估计值为 $\hat{f}_i(t)$, 则估计量 $\hat{f}(t)$ 的均方误差定义为

$$\mathrm{MSE}(\hat{f}(t)) = \frac{1}{N} \sum_{i=1}^{N} [\hat{f}_i(t) - f(t)]^2,$$

其中 $N = 10000$ 是抽样次数. 显然, 均方误差的值越小, 估计量的估计效率越高. 这样, 估计量 $\hat{f}_{\mathrm{SRSS}}(t)$ 和 $\hat{f}_{\mathrm{SRS}}(t)$ 的模拟相对效率定义为它们均方误差比的倒数, 即

$$\mathrm{SRE}(\hat{f}_{\mathrm{SRSS}}(t), \hat{f}_{\mathrm{SRS}}(t)) = \left[\frac{\mathrm{MSE}(\hat{f}_{\mathrm{SRSS}}(t))}{\mathrm{MSE}(\hat{f}_{\mathrm{SRS}}(t))}\right]^{-1} = \frac{\mathrm{MSE}(\hat{f}_{\mathrm{SRS}}(t))}{\mathrm{MSE}(\hat{f}_{\mathrm{SRSS}}(t))}.$$

表 8.1 给出了 SRSS 下核密度估计量 $\hat{f}_{\text{SRSS}}(t)$ 和 SRS 下核密度估计量 $\hat{f}_{\text{SRS}}(t)$ 的模拟相对效率. 从表中可以看出:

(i) 对于任意给定的寿命分布、截尾百分比、样本量 n、排序小组数 m 和时刻 t, 都有 $\text{SRE}(\hat{f}_{\text{SRSS}}(t), \hat{f}_{\text{SRS}}(t)) > 1$, 这说明 $\hat{f}_{\text{SRSS}}(t)$ 的估计效率高于 $\hat{f}_{\text{SRS}}(t)$;

(ii) 对于任意给定的寿命分布、截尾百分比、样本量 n 和排序小组数 m, 当时刻 t 越靠近 $\xi_{0.5}$ 时, $\text{SRE}(\hat{f}_{\text{SRSS}}(t), \hat{f}_{\text{SRS}}(t))$ 的值越大;

(iii) 对于任意给定的寿命分布、截尾百分比、样本量 n 和时刻 t, $\hat{f}_{\text{SRSS}}(t)$ 相对于 $\hat{f}_{\text{SRS}}(t)$ 的估计优势随着排序小组数 m 的增大而增强.

另外, 我们还对部分 Weibull 分布和 Gamma 分布进行了计算机模拟, 模拟结果均表明: SRSS 下核密度估计量 $\hat{f}_{\text{SRSS}}(t)$ 的估计效率高于 SRS 下核密度估计量 $\hat{f}_{\text{SRS}}(t)$.

表 8.1　核密度估计量$\hat{f}_{\text{SRSS}}(t)$ 与 $\hat{f}_{\text{SRS}}(t)$的模拟相对效率

n	截尾百分比	t	Exp(1)			LN(0, 1)		
			$m = 2$	$m = 4$	$m = 6$	$m = 2$	$m = 4$	$m = 6$
36	0.1	$\xi_{0.1}$	1.0592	1.1841	1.2854	1.0421	1.2327	1.3430
		$\xi_{0.25}$	1.2300	1.4919	1.7221	1.1784	1.5329	1.7771
		$\xi_{0.5}$	1.2388	1.7150	2.1261	1.2439	1.7779	2.0366
		$\xi_{0.75}$	1.1721	1.5566	1.8312	1.1935	1.5955	1.8648
		$\xi_{0.9}$	1.0719	1.2270	1.5113	1.0600	1.2875	1.4284
	0.2	$\xi_{0.1}$	1.0514	1.0368	1.0968	1.0173	1.0928	1.1579
		$\xi_{0.25}$	1.1264	1.3971	1.6510	1.1673	1.4956	1.6952
		$\xi_{0.5}$	1.2611	1.6123	2.0550	1.2405	1.6847	1.9999
		$\xi_{0.75}$	1.1935	1.4956	1.8011	1.1882	1.5667	1.8335
		$\xi_{0.9}$	1.0681	1.0669	1.1543	1.0328	1.1393	1.1841
	0.3	$\xi_{0.1}$	1.0430	1.0691	1.0928	1.0320	1.0771	1.0969
		$\xi_{0.25}$	1.1244	1.3613	1.4372	1.2011	1.4019	1.5784
		$\xi_{0.5}$	1.2569	1.6438	1.8328	1.2477	1.7183	1.9671
		$\xi_{0.75}$	1.1832	1.5493	1.8044	1.1984	1.5590	1.8670
		$\xi_{0.9}$	1.0633	1.0892	1.1393	1.0768	1.1642	1.2826
60	0.1	$\xi_{0.1}$	1.0760	1.2270	1.3200	1.0691	1.2092	1.3922
		$\xi_{0.25}$	1.2270	1.5566	1.8983	1.1530	1.5851	1.8461
		$\xi_{0.5}$	1.3109	1.7417	2.1951	1.3003	1.7808	2.1333
		$\xi_{0.75}$	1.1755	1.6016	1.8983	1.2115	1.5694	1.8431
		$\xi_{0.9}$	1.1152	1.3344	1.4806	1.0928	1.2718	1.3856

续表

n	截尾百分比	t	Exp(1)			LN(0, 1)		
			$m=2$	$m=4$	$m=6$	$m=2$	$m=4$	$m=6$
60	0.2	$\xi_{0.1}$	1.0928	1.2058	1.2718	1.0480	1.1564	1.2196
		$\xi_{0.25}$	1.1579	1.4646	1.6531	1.1707	1.4472	1.6420
		$\xi_{0.5}$	1.3179	1.7176	2.0265	1.2807	1.6546	2.0265
		$\xi_{0.75}$	1.1673	1.5694	1.7417	1.2477	1.5403	1.8983
		$\xi_{0.9}$	1.1599	1.2477	1.3502	1.1935	1.2718	1.4646
	0.3	$\xi_{0.1}$	1.0468	1.0728	1.1237	1.0512	1.0557	1.1210
		$\xi_{0.25}$	1.1513	1.4435	1.5419	1.2126	1.4435	1.6546
		$\xi_{0.5}$	1.2477	1.7305	1.9359	1.2800	1.7305	2.1027
		$\xi_{0.75}$	1.2022	1.6164	1.8983	1.2270	1.6298	2.0089
		$\xi_{0.9}$	1.0575	1.1152	1.2522	1.0583	1.2009	1.3553

参 考 文 献

[1] 王启华. 生存数据统计分析. 北京: 科学出版社, 2006.

[2] Chen Z. Density estimation using ranked-set sampling data. Environmental and Ecological Statistics, 1999, 6(2): 135-146.

[3] Barabesi L, Fattorini L. Kernel estimators of probability density functions by ranked set sampling. Communications in Statistics-Theory and Methods, 2002, 31(4): 597-610.

[4] Chen Z H, Bai Z D, Sinha B K. Ranked set sampling: Theory and Application. New York: Springer, 2004.

[5] Lim J, Chen M, Park S, et al. Kernel density estimator from ranked set samples. Communications in Statistics-Theory and Methods, 2014, 43(10-12): 2156-2168.

[6] Samawi H, Rochani H, Yin J, et al. Notes on kernel density based mode estimation using more efficient sampling designs. Computational Statistics, 2018, 33(2): 1071-1090.

[7] Samawi H, Chatterjee A, Yin J, et al. On kernel density estimation based on different stratified sampling with optimal allocation. Communications in Statistics-Theory and Methods, 2017, 46(22): 10973-10990.

[8] Dong X F, Zhang L Y, Kernel density estimation for random censored data under ranking set sampling. Statistic Application in Modern Society, Rizhao, 2015.08.17-08.21: 778-783.

[9] Blum J R, Susarla V. Maximal deviation theory of density and failure rate function eatimates based on censored data // Krishnaiah P R, ed. Multivariate Analysis V. Amsterdam: North Holland, 1980: 213-222.

[10] Foldes A, Rejto L, Winter B B. Strong consistency properties of nonparametric estimatiors for randomly censored data, II: Estimation of density and failure rate. Periodica

Mathematica Hungarica, 1981, 12(1): 15-29.

[11]　Mielniczuk J. Some asymptotic properties of kernel estimators of a density function in case of censored data. The Annals of Statistics, 1986, 14(2): 766-773.

[12]　Efron B. Censored data and the bootstrap. Journal of the American Statistical Association, 1981, 76(374): 312-319.

[13]　Serfling R J. Approximation Theorems of Mathematical Statistics. New York: John Wiley & Sons, 1980.

[14]　Foldes A, Rejto L. Strong uniform consistency for nonparametric survival curve estimatiors from randomly censored data. The Annals of Statistics, 1981, 9(1): 122-129.

[15]　Devroye L P, Wagner T J. The L^1 convergence of kernel density estimates. The Annals of Statistics, 1979, 7(5): 1136-1139.

[16]　Silverman B W. Weak and strong uniform consistency of the kernel estimate of a density and its derivatives. The Annals of Statistics, 1978, 6(1): 177-184.

第9章　标准排序集抽样下截尾数据的平均寿命估计

设非负随机变量 T 表示产品的寿命, $f(t)$ 表示 T 的概率密度函数. 若 μ 表示 T 的平均寿命, 则

$$\mu = E(T) = \int_0^\infty tf(t)\mathrm{d}t.$$

若 T 的可靠度函数为 $R(t)$, 则平均寿命 μ 可以进一步写成

$$\mu = \int_0^\infty R(t)\mathrm{d}t. \tag{9.1}$$

平均寿命 μ 在寿命数据中的地位相当于完全观测下的总体均值, 由于它直观易懂, 常为大家采用.

一些文献采用不同的 RSS 方法, 研究了总体均值的非参数估计问题. Halls 和 Dell[1] 提出利用标准排序集样本均值去估计总体均值, 证明了其方差小于简单随机样本均值的方差. Bouza[2] 通过对五组不同年龄段艾滋病感染者的数值分析, 进一步证明了标准排序集样本均值在估计总体均值上的高效率. Zhao 和 Chen[3] 提出了 SRSS 下对称分布族均值的 M-估计, 证明了此估计量具有无偏性和渐近正态性, 渐近方差和小样本效率的比较结果均表明: SRSS 方法的抽样效率高于SRS方法. Gemayel 等[4] 考虑了 SRSS 下总体均值的贝叶斯估计问题. Zhang 等[5] 借助 Jackknife 经验似然推断方法, 构建了 SRSS 下总体均值的非参数估计量. Frey[6] 针对排序存在误差的情形, 讨论了 SRSS 下总体均值的非参数估计问题. 文献 [7~9] 利用极端排序集样本, 研究了总体均值的非参数估计问题. Muttlak[10] 验证了当估计对称分布的总体均值时, 中位数排序集样本均值是总体均值的无偏估计, 并且其方差小于标准排序集样本均值的方差. Muttlak 和 Abu-Dayyeh[11] 利用百分比排序集样本, 构造了总体均值的无偏估计量. Syam 等[12] 采用分层 RSS 方法, 研究了总体均值的非参数估计问题. 另外, 文献 [13~17] 针对未知总体均值的非参数估计问题, 研究了其他 RSS 方法的抽样效率. 以上文献均通过方差、渐近方差或均方误差的比较, 证明了这些 RSS 方法的抽样效率均高于 SRS 方法. 但是, 这些文献研究的排序集样本的测量值都是完全数据.

针对寿命试验中经常出现的随机截尾数据, 本章利用 SRSS 下随机截尾样本, 建立未知总体平均寿命的均秩型泛函估计量, 分析新估计量的性质, 并与 SRS 下相应估计量进行估计效率的比较.

9.1　均秩型泛函估计量的定义

Wang[18] 考虑了包含平均寿命作为特例的一般泛函, 其为

$$\xi_u(R) = \int_0^{\tau_R} R(t) \mathrm{d}\theta_u(t), \tag{9.2}$$

其中

$$\tau_R = \inf\{t : R(t) = 0\},$$

$\theta_u(t)$ 是非负可测且使 $\xi_u(R) < \infty$ 的可能依赖某实参数 u 的实值函数.

下面是 $\xi_u(R)$ 所代表的一些例子:

(i) 当 $\theta_u(t) = t$ 时, $\xi_u(R)$ 表示 $R(t)$ 的平均生存时间;

(ii) 对某实可测连续不减的函数 $q(\cdot)$ 及 $u \geqslant 0$, 若 $q(0) = 0$, $\theta_u(t) = I\{q(t) > u\}$, 则 $\xi_u(R) = P(q(X) > u)$, 特别地, 若 $q(t) = t$, 则 $\xi_u(R) = R(u)$.

令 $T_1, T_2, \cdots, T_n$ 为抽自总体 T 的简单随机样本, $C_1, C_2, \cdots, C_n$ 是非负独立同分布表示截尾的随机变量, 具有分布函数 G. 在随机右截尾模型下, 我们得到 SRS 下随机截尾样本

$$(Y_i, \delta_i), \quad i = 1, 2, \cdots, n,$$

其中 $Y_i = \min\{T_i, C_i\}$, $\delta_i = I\{T_i \leqslant C_i\}$.

设

$$Y_{(1)} \leqslant Y_{(2)} \leqslant \cdots \leqslant Y_{(n)}$$

是 $Y_1, Y_2, \cdots, Y_n$ 的从小到大的次序值. 为了估计 $\xi_u(R)$, Wang[18] 用总体可靠度函数 $R(t)$ 的 Kaplan-Meier 乘积限估计量 $\hat{R}_{\text{SRS}}(t)$ 取代公式 (9.2) 中的 $R(t)$, 其中 $\hat{R}_{\text{SRS}}(t)$ 的定义可见公式 (7.6). 另外, 考虑到乘积限估计在尾部的不稳定性, Wang[18] 将积分上限限制在 $Y_1, Y_2, \cdots, Y_n$ 的最大值 $Y_{(n)}$ 上. 这样, 基于 SRS 下随机截尾样本 (Y_i, δ_i), $i = 1, 2, \cdots, n$, $\xi_u(R)$ 的泛函估计量定义为

$$\xi_u(\hat{R}_{\text{SRS}}) = \int_0^{Y_{(n)}} \hat{R}_{\text{SRS}}(t) \mathrm{d}\theta_u(t).$$

特别地, 当 $\theta_u(t) = t$ 时, SRS 下总体平均寿命 μ 的泛函估计量为

$$\hat{\mu}_{\text{SRS}} = \int_0^{Y_{(n)}} \hat{S}_{\text{SRS}}(t) \mathrm{d}t, \tag{9.3}$$

这也是 Gill[19] 给出的平均寿命估计量.

下面我们利用 SRSS 下随机截尾样本去构建总体平均寿命 μ 的均秩型泛函估计量.

令 $T_{(i)j}$, $i = 1, 2, \cdots, m$; $j = 1, 2, \cdots, k$ 是抽自总体 T 的标准排序集样本, 样本量 $n = mk$; C_{ij}, $i = 1, 2, \cdots, m$; $j = 1, 2, \cdots, k$ 是非负独立同分布表示截尾的随机变量, 具有分布函数 G. 在随机右截尾模型下, 我们得到 SRSS 下随机截尾样本

$$(Y_{(i)j}, \delta_{(i)j}), \quad i = 1, 2, \cdots, m; \quad j = 1, 2, \cdots, k,$$

其中 $Y_{(i)j} = \min\{T_{(i)j}, C_{ij}\}$, $\delta_{(i)j} = I\{T_{(i)j} \leqslant C_{ij}\}$.

对于任意给定的 $i(i = 1, 2, \cdots, m)$, 令 $\mu_{(i)}$ 和 $R_{(i)}(t)$ 分别表示总体 T 的样本量为 m 的简单随机样本的第 i 次序统计量的平均寿命和可靠度函数, 则

$$\mu_{(i)} = \int_0^\infty R_{(i)}(t)\mathrm{d}t. \tag{9.4}$$

根据排序集抽样下随机删失样本的分布性质, $(Y_{(i)1}, \delta_{(i)1}), (Y_{(i)2}, \delta_{(i)2}), \cdots,$ $(Y_{(i)k}, \delta_{(i)k})$ 可看作平均寿命为 $\mu_{(i)}$ 的 SRS 下随机截尾样本. 对于给定的 $i(i = 1, 2, \cdots, m)$, 令

$$Y_{(i,1:k)} \leqslant Y_{(i,2:k)} \leqslant \cdots \leqslant Y_{(i,k:k)}$$

是 $Y_{(i)1}, Y_{(i)2}, \cdots, Y_{(i)k}$ 的从小到大的次序值, $\delta_{(i:r:k)}$ 为相应于 $Y_{(i:r:k)}$ 的 δ. 这样, 根据公式 (9.4), 借鉴公式 (9.3) 的构建思路, 基于样本 $(Y_{(i)j}, \delta_{(i)j})$, $j = 1, 2, \cdots, k$ 的 $\mu_{(i)}$ 的泛函估计量定义为

$$\begin{aligned}
\hat{\mu}_{(i)} &= \int_0^{Y_{(i,k:k)}} \hat{R}_{(i)}(t)\mathrm{d}t \\
&= \int_0^{Y_{(i,k:k)}} \prod_{\{r: Y_{(i,r:k)} \leqslant t\}} \left(1 - \frac{d_{(i,r:k)}}{n_{(i,r:k)}}\right)^{\delta_{(i,r:k)}} \mathrm{d}t, \quad i = 1, 2, \cdots, m, \tag{9.5}
\end{aligned}$$

其中 $\hat{R}_{(i)}(t)$ 是可靠度函数 $R_{(i)}(t)$ 的乘积限估计量, 其定义可见公式 (7.8).

在公式 (9.5) 的基础上, 利用标准排序集样本的均秩性, 基于 SRSS 下随机截尾样本的 μ 的均秩型泛函估计量定义为

$$\hat{\mu}_{\mathrm{SRSS}} = \frac{1}{m} \sum_{i=1}^m \hat{\mu}_{(i)} = \frac{1}{m} \sum_{i=1}^m \int_0^{Y_{(i,k:k)}} \hat{R}_{(i)}(t)\mathrm{d}t. \tag{9.6}$$

特别地, 当 $m = 1$ 时, $\hat{\mu}_{\mathrm{SRSS}}$ 就是 Gill[19] 定义的 SRS 下估计量, 即 $\hat{\mu}_{\mathrm{SRSS}} = \hat{\mu}_{\mathrm{SRS}}$; 当无截尾数据时, $\hat{\mu}_{\mathrm{SRSS}}$ 就是 Halls 和 Dell[1] 定义的标准排序集样本均值, 即

$$\hat{\mu}_{\mathrm{SRSS}} = \frac{1}{n} \sum_{i=1}^m \sum_{j=1}^k T_{(i)j}.$$

9.2　渐近正态性

在分析 SRS 下估计量 $\hat{\mu}_{\mathrm{SRS}}$ 和 SRSS 下估计量 $\hat{\mu}_{\mathrm{SRSS}}$ 的渐近性质之前, 我们需要下面的记号和定义. 对于任意分布函数 $\Xi(t)$, 定义

$$\bar{\Xi}(t) = 1 - \Xi(t)$$

和

$$\tau_\Xi = \inf\{t : \Xi(t) = 1\}.$$

对于 SRS 下随机截尾样本, 注意到 (Y_i, δ_i), $i = 1, 2, \cdots, n$ 独立同分布, 且对 $0 \leqslant t < \infty$, $Y_i = \min\{T_i, C_i\}$ 的分布函数为

$$H(t) = P(Y_i \leqslant t) = 1 - R(t)\bar{G}(t).$$

对于 SRSS 下随机截尾样本, 当给定 $i(i = 1, 2, \cdots, m)$ 时, $(Y_{(i)j}, \delta_{(i)j})$, $j = 1, 2, \cdots, k$ 独立同分布, 且对 $0 \leqslant t < \infty$, $Y_{(i)j} = \min\{T_{(i)j}, C_{ij}\}$ 的分布函数为

$$H_{(i)}(t) = P(Y_{(i)j} \leqslant t) = 1 - R_{(i)}(t)\bar{G}(t).$$

令 $F(t) = 1 - R(t)$ 表示总体 T 的分布函数. Gill[19] 在一定条件下, 证明了 SRS 下泛函估计量 $\hat{\mu}_{\mathrm{SRS}}$ 具有渐近正态性.

引理 9.1　若满足条件

(i) $\displaystyle\int_0^{\tau_H} \frac{1}{1 - G(s-)}\mathrm{d}F(s) < \infty$;

(ii) $\displaystyle\sup_t \left| \frac{\displaystyle\int_t^{\tau_H} R(s)\mathrm{d}s}{R(t)} \right| < \infty$,

则当 $\sqrt{n} \displaystyle\int_{Y_{(n)}}^{\tau_H} R(t)\mathrm{d}t \xrightarrow{p} 0$ 时, 有

$$\sqrt{n}(\hat{\mu}_{\mathrm{SRS}} - \mu) \xrightarrow{L} N(0, \sigma^2_{\mu,\mathrm{SRS}}), \quad n \to \infty,$$

其中

$$\sigma^2_{\mu,\mathrm{SRS}} = \int_0^{\tau_H} \left(\int_s^{\tau_H} R(l)\mathrm{d}l \right)^2 \frac{R(s-)}{R(s)\bar{H}(s-)}\mathrm{d}\Lambda(s),$$

$$\Lambda(s) = \int_0^s \frac{1}{R(x-)}\mathrm{d}F(x).$$

对于任意给定的 $i(i=1, 2, \cdots, m)$, 令

$$F_{(i)}(t) = 1 - R_{(i)}(t)$$

表示总体 T 的样本量为 m 的简单随机样本的第 i 次序统计量的分布函数. 因为 $(Y_{(i)1}, \delta_{(i)1}), (Y_{(i)2}, \delta_{(i)2}), \cdots, (Y_{(i)k}, \delta_{(i)k})$ 可看作平均寿命为 $\mu_{(i)}$ 的 SRS 下随机截尾样本, 所以由引理 9.1 可直接推出下面定理.

定理 9.1 对于任意给定的 $i(i=1, 2, \cdots, m)$, 若满足条件

(i) $\displaystyle\int_0^{\tau H(i)} \frac{1}{1-G(s-)}\mathrm{d}F_{(i)}(s) < \infty;$

(ii) $\displaystyle\sup_t \left| \frac{\int_t^{\tau H} R_{(i)}(s)\mathrm{d}s}{R_{(i)}(t)} \right| < \infty,$

则当 $\sqrt{k}\displaystyle\int_{Y_{(i,k:k)}}^{\tau H(i)} R_{(i)}(t)\mathrm{d}t \xrightarrow{p} 0$ 时, 有

$$\sqrt{k}(\hat{\mu}_{(i)} - \mu_{(i)}) \xrightarrow{L} N(0, \sigma_{\mu,i}^2), \quad k \to \infty,$$

其中

$$\sigma_{\mu,i}^2 = \int_0^{\tau H(i)} \left(\int_s^{\tau H(i)} R_{(i)}(l)\mathrm{d}l \right)^2 \frac{R_{(i)}(s-)}{R_{(i)}(s)\bar{H}_{(i)}(s-)}\mathrm{d}\Lambda_{(i)}(s), \tag{9.7}$$

$$\Lambda_{(i)}(s) = \int_0^t \frac{1}{R_{(i)}(x-)}\mathrm{d}F_{(i)}(x). \tag{9.8}$$

下面证明一个重要的定理.

定理 9.2 对于任意给定的排序小组数 m, 有

$$\frac{1}{m}\sum_{i=1}^m \mu_{(i)} = \mu.$$

证明 对于任意给定的 m, 根据公式 (9.4) 和引理 7.1, 得

$$\begin{aligned}
\frac{1}{m}\sum_{i=1}^m \mu_{(i)} &= \frac{1}{m}\sum_{i=1}^m \int_0^\infty R_{(i)}(t)\mathrm{d}t \\
&= \frac{1}{m}\int_0^\infty \sum_{i=1}^m R_{(i)}(t)\mathrm{d}t \\
&= \frac{1}{m}\int_0^\infty mR(t)\mathrm{d}t
\end{aligned}$$

$$= \int_0^\infty R(t)\mathrm{d}t.$$

再根据公式 (9.1), 定理即可得证.　　　　　　　　　　　　　　　　　　　　　证毕

　　下面定理证明了当估计总体平均寿命 μ 时, SRSS 下均秩型泛函估计量 $\hat{\mu}_{\mathrm{RSS}}$ 具有渐近正态性, 并且给出了 $\sqrt{n}\hat{\mu}_{\mathrm{SRSS}}$ 的渐近方差.

　　定理 9.3　在定理 9.2 的条件下, 对于任意给定的排序小组数 m, 当 $\sqrt{k}\times$ $\int_{Y_{(i:k:k)}}^{\tau_{H(i)}} S_{(i)}(t)\mathrm{d}t \xrightarrow{p} 0, i = 1, 2, \cdots, m$ 时, 有

$$\sqrt{n}(\hat{\mu}_{\mathrm{SRSS}} - \mu) \xrightarrow{L} N(0, \sigma^2_{\mu,\mathrm{SRSS}}), \quad n \to \infty,$$

其中

$$\sigma^2_{\mu,\mathrm{SRSS}} = \frac{1}{m} \sum_{i=1}^m \int_0^{\tau_{H(i)}} \left(\int_s^{\tau_{H(i)}} R_{(i)}(l)\mathrm{d}l \right)^2 \frac{R_{(i)}(s-)}{R_{(i)}(s)\bar{H}_{(i)}(s-)} \mathrm{d}\Lambda_{(i)}(s).$$

　　证明　由公式 (9.6)、定理 9.2 和 $n = mk$, 得

$$\begin{aligned}
\sqrt{n}(\hat{\mu}_{\mathrm{RSS}} - \mu) &= \sqrt{mk} \left(\frac{1}{m} \sum_{i=1}^m \hat{\mu}_{(i)} - \frac{1}{m} \sum_{i=1}^m \mu_{(i)} \right) \\
&= \frac{1}{\sqrt{m}} \left[\sum_{i=1}^m \sqrt{k}(\hat{\mu}_{(i)} - \mu_{(i)}) \right].
\end{aligned} \tag{9.9}$$

根据随机变量 $\hat{\mu}_{(1)} - \mu_{(1)}$, $\hat{\mu}_{(2)} - \mu_{(2)}$, $\cdots$, $\hat{\mu}_{(m)} - \mu_{(m)}$ 的独立性、定理 9.2 以及中心极限定理, 得

$$\sum_{i=1}^m \sqrt{k}(\hat{\mu}_{(i)} - \mu_{(i)}) \xrightarrow{L} N\left(0, \sum_{i=1}^m \sigma^2_{(i)} \right), \quad k \to \infty.$$

由公式 (9.9), 有

$$\sqrt{n}(\hat{\mu}_{\mathrm{SRSS}} - \mu) \xrightarrow{L} N\left(0, \frac{1}{m} \sum_{i=1}^m \sigma^2_{(i)} \right), \quad n \to \infty(k \to \infty).$$

再根据公式 (9.7), 定理即可得证.　　　　　　　　　　　　　　　　　　　　证毕

9.3　差值的渐近表示

　　令

$$\Delta_{\mathrm{SRSS}}(\mu) = \hat{\mu}_{\mathrm{SRSS}} - \mu$$

表示 SRSS 下估计量 $\hat{\mu}_{\text{SRSS}}$ 和总体平均寿命 μ 的差值. 对于任意给定的 $i(i = 1, 2, \cdots, m)$ 和 $j(j = 1, 2, \cdots, k)$, 记

$$\hat{H}_{(i)}(t) = \frac{1}{k}\sum_{j=1}^{k} I\{Y_{(i)j} \leqslant t\},$$

$$N_{(i)j} = I\{Y_{(i)j} \leqslant t, \, \delta_{(i)j} = 1\},$$

$$M_{(i)j}(t) = N_{(i)j}(t) - \int_0^t I\{Y_{(i)j} \geqslant s\}\mathrm{d}\Lambda_{(i)}(s),$$

其中 $\Lambda_{(i)}(s)$ 的定义见公式 (9.8).

下面定理给出了差值 $\Delta_{\text{SRSS}}(\mu)$ 的一个近似表示.

定理 9.4 对于固定的 m 和任意给定的 $i(i = 1, 2, \cdots, m)$, 当 $\sqrt{k} \times \int_{Y_{(i,k:k)}}^{\tau_{H(i)}} R_{(i)}(t)\mathrm{d}t \xrightarrow{p} 0$ 时, 有

$$\Delta_{\text{SRSS}}(\mu) = \frac{1}{n}\sum_{i=1}^{m} B_{i,k} + o_p(k^{-1/2}),$$

其中

$$B_{i,k} = -\sum_{j=1}^{k}\int_0^{Y_{(i,k:k)}} \left(\int_t^{Y_{(i,k:k)}} R_{(i)}(x)\mathrm{d}x\right)\frac{\hat{R}_{(i)}(t+)}{R_{(i)}(t)[1 - \hat{H}_{(i)}(t-)]}\mathrm{d}M_{(i)j}(t).$$

证明 对于任意给定的 $i(i = 1, 2, \cdots, m)$, $(Y_{(i)1}, \delta_{(i)1}), (Y_{(i)2}, \delta_{(i)2}), \cdots,$ $(Y_{(i)k}, \delta_{(i)k})$ 可看作平均寿命为 $\mu_{(i)}$ 的 SRS 下随机截尾样本. 由王启华[20] 知, 当 $\sqrt{n}\int_{Y_{(i,k:k)}}^{\tau_{H(i)}} R_{(i)}(t)\mathrm{d}t \xrightarrow{p} 0$ 时, 有

$$\hat{\mu}_{(i)} - \mu_{(i)} = \frac{1}{k}B_{i,k} + o_p(k^{-1/2}), \quad i = 1, 2, \cdots, m.$$

再由公式 (9.6)、定理 9.2 和 $n = mk$, 得

$$\begin{aligned}
\Delta_{\text{SRSS}}(\mu) &= \hat{\mu}_{\text{SRSS}} - \mu \\
&= \frac{1}{m}\sum_{i=1}^{m}\hat{\mu}_{(i)} - \frac{1}{m}\sum_{i=1}^{m}\mu_{(i)} \\
&= \frac{1}{m}\sum_{i=1}^{m}(\hat{\mu}_{(i)} - \mu_{(i)}) \\
&= \frac{1}{n}\sum_{i=1}^{m}B_{i,k} + o_p(k^{-1/2}). \qquad \text{证毕}
\end{aligned}$$

9.4　模拟相对效率

为了比较 SRSS 下估计量 $\hat{\mu}_{\mathrm{SRSS}}$ 和 SRS 下估计量 $\hat{\mu}_{\mathrm{SRS}}$ 的估计效率, 我们进行了计算机模拟. 产品寿命分布选取为以下两个分布:

(i) 标准指数分布 Exp(1), 其平均寿命为 $\mu = 1$;

(ii) 标准对数正态分布 LN(0, 1), 其平均寿命为 $\mu = \mathrm{e}^{1/2}$.

在模拟过程中, 截尾分布服从 $[0, C]$ 上的均匀分布, 取不同的 C 值使得数据的截尾百分比近似达到 10%, 20% 和 30%. 样本量 n 的取值为 36, 60 和 120, 排序小组数 m 的取值为 2, 4 和 6. 对于每一个给定的寿命分布、C 值、n 值、m 值和 t 值, 我们都进行了 10000 次 SRSS 和 SRS, 这样就得到 10000 个 SRSS 下随机截尾样本和 10000 个 SRS 下随机截尾样本. 模拟次数为 10000 次.

对于模拟计算, 利用估计量的均方误差来评估估计效率. 详细地说, 对于总体平均寿命 μ 的任一估计量 $\hat{\mu}$, 若第 i 次抽样所算出的估计值为 $\hat{\mu}_i$, 则估计量 $\hat{\mu}$ 的均方误差定义为

$$\mathrm{MSE}(\hat{\mu}) = \frac{1}{N} \sum_{i=1}^{N} (\hat{\mu}_i - \mu)^2,$$

其中 $N = 10000$ 是抽样次数. 显然, 估计量的均方误差越小, 代表其估计效率越高. 这样, 估计量 $\hat{\mu}_{\mathrm{SRSS}}$ 与 $\hat{\mu}_{\mathrm{SRS}}$ 的模拟相对效率定义为它们均方误差比的倒数, 即

$$\mathrm{SRE}(\hat{\mu}_{\mathrm{SRSS}}, \hat{\mu}_{\mathrm{SRS}}) = \left[\frac{\mathrm{MSE}(\hat{\mu}_{\mathrm{SRSS}})}{\mathrm{MSE}(\hat{\mu}_{\mathrm{SRS}})} \right]^{-1} = \frac{\mathrm{MSE}(\hat{\mu}_{\mathrm{SRS}})}{\mathrm{MSE}(\hat{\mu}_{\mathrm{SRSS}})}.$$

表 9.1 和表 9.2 分别给出了 SRS 下估计量 $\hat{\mu}_{\mathrm{SRS}}$ 和 SRSS 下估计量 $\hat{\mu}_{\mathrm{SRSS}}$ 的均方误差, 表 9.3 计算了估计量 $\hat{\mu}_{\mathrm{SRSS}}$ 与 $\hat{\mu}_{\mathrm{SRS}}$ 的模拟相对效率. 从这三个表中我们可以得到以下结论:

(i) 对于任意给定的寿命分布、截尾百分比、样本量 n 和排序小组数 m, 都有 $\mathrm{MSE}(\hat{\mu}_{\mathrm{SRSS}}) < \mathrm{MSE}(\hat{\mu}_{\mathrm{SRS}})$, $\mathrm{SRE}(\hat{\mu}_{\mathrm{SRSS}}, \hat{\mu}_{\mathrm{SRS}}) > 0$, 这说明 $\hat{\mu}_{\mathrm{SRSS}}$ 的估计效率高于 $\hat{\mu}_{\mathrm{SRS}}$;

(ii) 对于任意给定的寿命分布、样本量 n 和排序小组数 m, $\hat{\mu}_{\mathrm{SRS}}$ 和 $\hat{\mu}_{\mathrm{SRSS}}$ 的估计效率都是随着截尾百分比的增加而减少;

(iii) 对于任意给定的寿命分布、截尾百分比和排序小组数 m, $\hat{\mu}_{\mathrm{SRS}}$ 和 $\hat{\mu}_{\mathrm{SRSS}}$ 的估计效率都是随着样本量 n 的增加而增加;

(iv) 对于任意给定的寿命分布、截尾百分比和排序小组数 n, $\hat{\mu}_{\mathrm{SRSS}}$ 的估计效率随着排序小组数 m 的增加而增加, 并且 $\hat{\mu}_{\mathrm{SRSS}}$ 相对于 $\hat{\mu}_{\mathrm{SRS}}$ 的估计优势也是随着 m 的增加而增加.

表 9.1 简单随机抽样下平均寿命估计量 $\hat{\mu}_{SRS}$ 的均方误差

截尾百分比	Exp(1)			LN(0, 1)		
	$n = 36$	$n = 60$	$n = 120$	$n = 36$	$n = 60$	$n = 120$
0.1	0.0313	0.0194	0.0095	0.1435	0.0859	0.0446
0.2	0.0355	0.0223	0.0111	0.1477	0.0914	0.0503
0.3	0.0416	0.0256	0.0129	0.1585	0.1048	0.0564

表 9.2 标准排序集抽样下平均寿命估计量 $\hat{\mu}_{SRSS}$ 的均方误差

n	截尾百分比	Exp(1)			LN(0, 1)		
		$m = 2$	$m = 4$	$m = 6$	$m = 2$	$m = 3$	$m = 6$
36	0.1	0.0233	0.0181	0.0140	0.1192	0.0924	0.0790
	0.2	0.0278	0.0213	0.0169	0.1208	0.0952	0.0841
	0.3	0.0341	0.0248	0.0209	0.1278	0.1091	0.0977
60	0.1	0.0143	0.0103	0.0084	0.0716	0.0615	0.0499
	0.2	0.0172	0.0129	0.0107	0.0773	0.0630	0.0554
	0.3	0.0208	0.0156	0.0137	0.0875	0.0726	0.0656
120	0.1	0.0070	0.0054	0.0040	0.0379	0.0317	0.0276
	0.2	0.0086	0.0061	0.0052	0.0432	0.0358	0.0320
	0.3	0.0108	0.0086	0.0070	0.0512	0.0437	0.0391

表 9.3 平均寿命估计量 $\hat{\mu}_{SRSS}$ 与 $\hat{\mu}_{SRS}$ 的模拟相对效率

n	截尾百分比	Exp(1)			LN(0, 1)		
		$m = 2$	$m = 4$	$m = 6$	$m = 2$	$m = 3$	$m = 6$
36	0.1	1.3434	1.7293	2.2357	1.2039	1.5530	1.8165
	0.2	1.2770	1.6667	2.1006	1.2227	1.5515	1.7562
	0.3	1.2199	1.6774	1.9904	1.2402	1.4528	1.6223
60	0.1	1.3566	1.8835	2.3095	1.1997	1.3967	1.7214
	0.2	1.2965	1.7287	2.0841	1.1824	1.4508	1.6498
	0.3	1.2308	1.6410	1.8686	1.1977	1.4435	1.5976
120	0.1	1.3571	1.7593	2.3750	1.1768	1.4069	1.6159
	0.2	1.2907	1.8197	2.1346	1.1644	1.4050	1.5719
	0.3	1.1944	1.5000	1.8429	1.1016	1.2906	1.4425

另外, 我们还对部分 Weibull 分布和 Gamma 分布进行了计算机模拟, 模拟结果均表明: SRSS 下核密度估计量 $\hat{\mu}_{SRSS}$ 的估计效率高于 SRS 下核密度估计量 $\hat{\mu}_{SRS}$.

参 考 文 献

[1] Halls L S, Dell T R. Trial of ranked set sampling for forage yields. Forest Science, 1966,

　　　 12(1): 22-26.

[2] Bouza C N. Ranked set sampling and randomized response procedures for estimating the mean of a sensitive quantitative character. Metrika, 2009, 70(3): 267-277.

[3] Zhao X Y, Chen Z. On the ranked-set sampling M-estimates for symmetric location families. Annals of the Institute of Statistical Mathematics, 2002, 54(3): 626-640.

[4] Gemayel N, Stasny E A, Wolfe D A. Bayesian nonparametric models for ranked set sampling. Lifetime Data Analysis, 2015, 21(2): 315-329.

[5] Zhang Z, Liu T, Zhang B. Jackknife empirical likelihood inferences for the population mean with ranked set samples. Statistics & Probability Letters, 2016, 108(1): 16-22.

[6] Frey J. A more efficient mean estimator for judgement post-stratification. Journal of Statistical Computation and Simulation, 2016, 86(7): 1404-1414.

[7] Samawi H M, Ahmed M S, Abu-Dayyeh W. Estimating the population mean using extreme ranked set sampling. Biometrical Journal, 1996, 38(5): 577-586.

[8] Al-Omari A I. Estimation of mean based on modified robust extreme ranked set sampling. Journal of Statistical Computation and Simulation, 2011, 81(8): 1055-1066.

[9] Biradar B S, Santosha C D. Estimation of the population mean based on extremes ranked set sampling. American Journal of Mathematics and Statistics, 2015, 5(1): 32-36.

[10] Muttlak H A. Investigating the use of quartile ranked set samples for estimating the population mean. Applied Mathematics and Computation, 2003, 146(2-3): 437-443.

[11] Muttlak H A, Abu-Dayyeh W. Weighted modified ranked set sampling methods. Applied Mathematics and Computation, 2004, 151(3): 645-657.

[12] Syam M I, Ibrahim K, Al-Omari A I. The efficiency of stratified quartile ranked set sampling in estimating the population mean. Tamsui Oxford Journal of Information and Mathematical Sciences, 2012, 28(2): 175-190.

[13] Jozani M J, Majidi S, Perron F. Unbiased and almost unbiased ratio estimators of the population mean in ranked set sampling. Statistical Papers, 2012, 53(3): 719-737.

[14] Al-Omari A I, Raqab M Z. Estimation of the population mean and median using truncation-based ranked set samples. Journal of Statistical Computation & Simulation, 2013, 83(8): 1453-1471.

[15] Haq A, Brown J, Moltchanova E, et al. Mixed ranked set sampling design. Journal of Applied Statistics, 2014, 41(10): 2141-2156.

[16] Singh H P, Tailor R, Singh S. General procedure for estimating the population mean using ranked set sampling. Journal of Statistical Computation & Simulation, 2014, 84(5): 931-945.

[17] Wang X, Lim J, Stokes L. Using ranked set sampling with cluster randomized designs for improved inference on treatment effects. Journal of the American Statistical Association, 2016, 111(516): 1576-1590.

[18] Wang Q H. Some large sample results for a class of functionals of Kaplan-Meier estimator. Acta Mathematica Sinica, 1998, 14(2): 191-200.

[19] Gill R D. Large sample behaviour of the product-limit estimator on the whole line. The Annals of Statistics, 1983, 11(1): 49-58.

[20] 王启华. 生存数据统计分析. 北京: 科学出版社, 2006.